生猪规模养殖企业环境行为演化分析与优化

张　浩　著

中国农业科学技术出版社

图书在版编目（CIP）数据

生猪规模养殖企业环境行为演化分析与优化/张浩著. --北京：中国农业科学技术出版社，2022.4

ISBN 978-7-5116-5713-8

Ⅰ.①生… Ⅱ.①张… Ⅲ.①养猪学－规模饲养－环境管理－风险管理－研究 Ⅳ.①S828

中国版本图书馆CIP数据核字（2022）第044710号

责任编辑 白姗姗
责任校对 马广洋
责任印制 姜义伟 王思文

出 版 者 中国农业科学技术出版社
北京市中关村南大街12号 邮编：100081
电　　话 （010）82106638（编辑室） （010）82109702（发行部）
（010）82109709（读者服务部）
网　　址 http：//www.castp.cn
经 销 者 各地新华书店
印 刷 者 北京建宏印刷有限公司
开　　本 170 mm × 240 mm 1/16
印　　张 12
字　　数 202千字
版　　次 2022年4月第1版 2022年4月第1次印刷
定　　价 68.00元

版权所有·侵权必究

作者简介

Biography

张浩（1988—），安徽淮北人，淮北师范大学经济与管理学院讲师，管理学博士，一直从事循环农业、农业可持续发展研究，在《系统工程理论与实践》《运筹与管理》《北京理工大学学报（社会科学版）》等CSSCI来源期刊、CSCD核心库期刊发表学术论文10余篇，主持安徽省哲学社会科学规划项目1项、安徽省高等学校人文社会科学研究项目1项，参与国家自然科学基金项目3项，获安徽省社科联2019年“三项”课题研究成果二等奖。

F 前　言

OREWORD

生猪养殖作为我国畜牧业的重要组成部分，为社会提供最为主要的肉类来源。随着我国生猪养殖的快速发展，生猪规模养殖在生猪养殖中占有越来越重要的地位。相比于散养，生猪规模养殖能更好地抵御市场风险，为社会提供更为稳定的生肉来源，具有更好的经济效益，能更好地活跃农村经济。然而，生猪规模养殖产生的有机质量大且高度集中，周边土地难以消纳，有机质成了污染源。随着规模化水平的快速提升，生猪规模养殖的环境污染问题日益突出，近年来已得到党中央和国务院的高度重视。针对生猪规模养殖的环境污染问题，本书从污染物排放和污染物治理两个方面，探究提升其环境行为的有效途径。本书研究工作和成果主要有以下几个方面。

第一，在阐述生猪规模养殖环境行为现状、明确相关理论的基础上，利用DEA等评价方法分别对我国农业技术进步和农业环境水平耦合关系、生猪规模养殖环境效率及资源环境承载力进行了评价与分析，评价结果表明，2004—2015年我国生猪规模养殖环境效率虽逐步提升，但是环境承载力持续降低，警示了必须正确处理好与自然的关系；当前我国农业技术进步和农业环境水平的相互促进作用已有所体现，在进一步提升规模养殖企业环境水平的工作中应重视农业技术进步的推动作用。

第二，在排污费改为环境税的大背景下，通过构建环境税率调整下的企业环境行为演化博弈模型，研究能够促使企业完全治污的有效途径。主要结论如下：环境税率固定不变不利于从长期的角度规制企业的环境行为，而环境税率动态调整能够有效抑制政府、企业博弈过程中的波动及周期性行为，使系统的演化达到稳定状态；适当降低经济指标的权重、提高环境指标的权重可以有效提高地方政府采取监测策略的概率以及排污企业采取完全治污策略的概率；提高环境税率征收强度、降低政府监测成本是提高企业采取完全治污策略的概率的有效措施；排污企业采取完全治污策略的概率与其产污污染当量成正比、与初始治污投入力度成反比。

第三，针对企业的不完全治污行为，从企业排污的角度，考虑环境税收减征政策，构建偷排行为下的企业排污博弈模型，研究偷排下的企业排污行为改善的优化设计。结论表明，有与没有污染物排放口的企业具有不同的排放行为特征，而针对不同的排放行为特征，需要有不同的监管措施。

对于有污染物排放口的企业，环境税及相关实施条例虽然不能完全杜绝该类排污企业的非法排污行为，但可以使企业、政府的博弈收敛于稳定。提升非法排污企业环境行为的关键是控制偷排量占比，偷排量占比具有一个阈值，在将偷排量占比限制在阈值之内的基础上，再提升其污染物去除率才会对企业环境行为产生正向的推动作用。此外，当前地方政府应将监管重心放在偷排量较小的非法排污行为上。

对于无污染物排放口的规模养殖企业，应重点加强农户的监督作用。降低社会关系需求收益，提升企业经济补偿农户标准、农户成功监督举报企业污染行为获得的心理满足感收益、地方政府部门“成功审查”的概率均对农户监督行为具有正向的推动作用；环境污染致使牲畜患病的期望经济损失、企业经济补偿农户标准、环境污染被通报造成的声誉货币化损失、地方政府部门“成功审查”概率的增大均对企业排污行为具有正向的推动作用。要增加规模养殖企业群体中采取完全治污策略的比例，降低农户举报成本是有效的促进措施；对于治污力度较高以及养殖规模较小的企业群体，农户应该更加注意其环境行为。

第四，针对企业的不完全治污行为，从企业污染物治理的角度，对提升生猪规模养殖各阶段污染物治理效率的有效途径进行了深入分析。针对猪粪尿污染，利用简化流率基本入树理论、极小基模生产集法等理论，构建生猪规模养殖粪尿污染治理系统动力学模型，对系统的反馈分析表明沼气工程对规模养殖猪粪尿污染治理具有良好的正向促进作用。以江西泰华牧业科技有限公司为例进行仿真分析表明，在现行政策下，该企业沼气工程不具有经济效益。在萍乡市现有的发电入网和政府补贴两项政策的基础上，发电入网价格增加20%、政府补贴增加30%，该企业沼气工程才具有经济可行性。该结论表明，虽然沼气工程对规模养殖猪粪尿污染治理具有良好的促进作用，但经济效益的缺失使得沼气工程的运转存在一定的困难，在一定程度上揭示了我国当前沼气工程运行效果不够理想、猪粪尿处理不够完全的内在原因。

第五，针对沼液污染问题，以宁波龙兴生态农业科技开发有限公司为现实背景，利用演化博弈理论，构建规模养殖企业和有机肥厂两大主体参与下的沼液有机肥合作开发博弈模型，从资源再利用的角度对沼液治理模式进行有益探索，结论表明，沼液有机肥合作开发模式的系统演化有可能收敛于“良好”状态，也有可能锁定于“不良”状态，通过参数调节可以帮助系统演化跳出“不良”锁定状态；沼液有机肥合作开发付出的信息搜寻成本的降低、政府对沼液有机肥补贴数量的增加和补贴力度的扩大、养殖场沼液减量化处理、养殖规模越大均有利于系统演化跳出“不良”锁定状态；规模养殖企业偷排沼液成本存在一个阈值，需将规模养殖企业偷排沼液的单位成本控制在阈值（种养结合处理沼液的单位成本）之上，才能够推动土地资源禀赋差的规模养殖场加入沼液有机肥合作开发模式中，从而有利于系统演化跳出“不良”锁定状态，达到“良好”状态。

本书系国家自然科学基金项目“生猪规模养殖企业环境行为演化反馈机理分析与优化政策设计（71764016）”研究成果。

张 浩

2022年1月

C目　录
ONTENTS

第一章　绪　论　1

第一节　研究背景

作为一个农业大国，农业的可持续发展问题一直是中国的一个重要课题。自2004—2022年，中共中央连续19年出台了指导“三农工作”的一号文件，“三农”问题在十几年内始终是全党和政府工作的重中之重。作为我国畜牧业和农业的重要产业，生猪养殖业也是一个重要的“三农”问题，生猪养殖业作为我国农村经济的重要支柱产业，它不仅是农民增加收入的主要来源，也为居民的生活提供更多、更优质的畜禽产品。2021年，全国生猪存栏数为4.49亿头，出栏数为6.71亿头，猪肉产量为5 296万吨，占肉类总量的59.59%。由此可见，猪肉是我国肉类重要来源，生猪养殖业是我国畜牧业的重要组成部分。

养殖业在我国国民经济中占有相当重要的地位，对于生猪养殖业的可持续发展，离不开政府积极的政策引导和支持。近年来，中共中央及国务院相关部门针对生猪养殖行业出台了一系列政策性文件，以及相应的立法建设，建立了以《中华人民共和国农业法》《中华人民共和国畜牧法》《中华人民共和国动物防疫法》《中华人民共和国食品安全法》及《中华人民共和国农产品质量安全法》等法律为基础的多层次法律法规体系，同时颁布了众多部门规章与规范性文件，以大力支持和鼓励生猪养殖业发展，主要相关政策及法律法规如下（表1-1、表1-2）。

表1-1　我国关于促进养殖业发展的支持性政策文件及内容

政策名称	主要内容
《中共中央、国务院关于抓好“三农”领域重点工作确保如期实现全面小康的意见》	坚持补栏增养和疫病防控相结合，推动生猪标准化规模养殖，加强对中小散养户的防疫服务，做好饲料生产保障工作。严格落实扶持生猪生产的各项政策举措，抓紧打通环评、用地、信贷等瓶颈。纠正随意扩大限养禁养区和搞“无猪市”“无猪县”问题。严格执行非洲猪瘟疫情报告制度和防控举措，加快疫苗研发进程
《国务院办公厅关于促进畜牧业高质量发展的意见》	以农业供给侧结构性改革为主线，转变发展方式，不断增强畜牧业质量效益和竞争力，形成产出高效、产品安全、资源节约、环境友好、调控有效的高质量发展新格局。加强良种培育与推广；健全饲草料供应体系；提升畜牧业机械化水平；发展适度规模经营；扶持中小养殖户发展；落实动物防疫主体责任
农业农村部办公厅关于印发《2020年畜牧兽医工作要点》的通知（2020年）	加快推进畜牧业信息化智能化建设、强化科技支撑、深化畜牧兽医国际合作，切实做好放管服改革工作
《国务院关于促进乡村产业振兴的指导意见》	创新产业组织方式，推动种养业向规模化、标准化、品牌化和绿色化方向发展，延伸拓展产业链，增加绿色优质产品供给，不断提高质量效益和竞争力。加强生猪等畜禽产能建设，提升动物疫病防控能力

（续表）

政策名称	主要内容
《国务院办公厅关于稳定生猪生产促进转型升级的意见》	内容涵盖五大项共20条措施，提出了促进生产加快恢复，规范禁养区划定和管理，保障种猪、仔猪及生猪产品有序调运，持续加强非洲猪瘟防控，加强生猪产销监测，完善市场调控机制等六方面具体政策措施；围绕加快生猪产业转型升级，提高综合生产能力，提出了加快构建现代养殖体系，从加大金融政策支持、保障生猪养殖用地、强化法治保障三个方面提供政策保障
《中国银保监会办公厅、农业农村部办公厅关于支持做好稳定生猪生产保障市场供应有关工作的通知》	加大信贷支持力度；创新产品服务模式；拓宽抵质押品范围；完善生猪政策性保险政策；推进保险资金深化支农支小融资试点；强化政策协调
《自然资源部办公厅关于保障生猪养殖用地有关问题的通知》	要落实和完善用地政策。一是生猪养殖用地作为设施农用地，按农用地管理，不需办理建设用地审批手续；在不占用永久基本农田的前提下，合理安排用地空间，允许生猪养殖用地使用一般耕地，作为养殖用途不需耕地占补平衡。二是生猪养殖圈舍、场区内通道及绿化隔离带等生产设施用地，根据养殖规模确定用地规模；增加附属设施用地规模，取消15亩上限规定，保障生猪养殖生产的废弃物处理等设施用地需要。三是鼓励利用荒山、荒沟、荒丘、荒滩和农村集体建设用地及原有养殖设施用地进行生猪养殖生产，各地可进一步制定鼓励支持政策
《关于促进家禽等养殖业发展增加肉蛋产品供应的通知》（2019年）	大力发展适度规模标准化养殖、不断完善良种繁育体系、推广应用先进适用技术、加强动物疫病防控和净化、着力提升组织化程度，强化政策措施保障

表1-2 我国关于养殖业相关法律、法规及主要内容

法律、法规	最新修订时间	颁布机构	主要内容
《兽药管理条例》	2020年	国务院	加强兽药管理，保证兽药质量，防治动物疾病，促进养殖业的发展，维护人体健康
《中华人民共和国动物防疫法》	2021年	全国人民代表大会常务委员会	主要对动物疫病的预防、疫情的报告通报及公布、动物疾病的控制、动物和动物产品的检疫、动物诊疗等方面做出了规定
《动物检疫管理办法》	2019年	农业农村部	加强动物检疫管理，预防、控制和扑灭动物疫病，保障动物及动物产品安全，保护人体健康，维护公共卫生安全
《中华人民共和国食品安全法》	2018年	全国人民代表大会常务委员会	对食品生产、食品经营、食品添加剂的生产经营与使用、食品相关产品的生产经营与使用及安全管理等各方面做出规定，对食品的安全标准、生产经营、检验、进出口、安全事故的处置等方面提出了要求
《中华人民共和国农产品质量安全法》	2018年	全国人民代表大会常务委员会	对源于农业的初级产品（即农产品）的质量安全标准、产地、生产、包装和标识、药物及添加剂的使用等方面进行了规定

（续表）

法律、法规	最新修订时间	颁布机构	主要内容
《重大动物疫情应急条例》	2017年	国务院	迅速控制、扑灭重大动物疫情，保障养殖业生产安全，保护公众身体健康与生命安全，维护正常的社会秩序
《生猪屠宰管理条例》	2021年	国务院	重点从完善生猪屠宰全过程管理、完善动物疫病防控和完善法律责任三方面对进一步加强和规范生猪屠宰管理作出规范
《家畜遗传材料生产许可办法》	2015年	农业部	规定从事家畜遗传材料生产应当具备的条件，并取得《种畜禽生产经营许可证》
《中华人民共和国畜牧法》	2015年	全国人民代表大会常务委员会	主要对畜禽遗传资源保护、种畜禽品种选育与生产经营、畜禽养殖、畜禽交易与运输、畜禽产品的质量安全保障制度等做出了规定
《饲料质量安全管理规范》	2017年	农业部	对部分规章和规范性文件进行了修改和废止

改革开放以来，特别是近年来，随着我国经济与科技实力的快速提升以及上述相关政策的支持，我国生猪规模养殖业正快速朝规模化的方向发展，农村个人养猪规模大幅度缩小，标准化规模养殖场加快发展，设施化水平不断提高，规模化、集约化生产技术得到广泛应用，生猪生产水平稳步上升。畜牧业是现代农业产业体系的重要组成部分，畜牧业发展水平是衡量一个国家和地区农业现代化水平的重要标志。国家高度重视畜牧业发展，尤其是进入21世纪以来，党中央、国务院明确提出“要加快推进规模化、集约化、标准化畜禽养殖，增强畜牧业竞争力”。2013年中央“一号文件”明确指出将着力构建集约化、专业化、组织化、社会化相结合的新型农业经营体系。从2010年起，农业部在全国范围内开展畜禽养殖标准化示范创建活动，各地把发展畜禽标准化规模养殖作为加快转变发展方式的最重要的措施，加强政策扶持，突出宣传引导，强化科技支撑，注重示范带动，全面加以推进。2014年，国家继续支持畜禽标准化规模养殖发展，扶持建设了8 000多个生猪标准化规模养殖场。随着农业产业化的发展，2013年生猪规模养殖比例已达到69.9%。生猪年出栏500头以上的规模养殖比重从2010年的34.54%上升至2014年的41.8%，根据《全国生猪发展规划（2016—2020年）》，到2020年，我国出栏500头以上规模养殖比重将达到52%（实际比重为57%左右）。我国推进生猪养殖业规模化、集约化发展工作已卓有成效，生猪规模养殖已成为我国生猪养殖业的重要养殖模式。经过多年的努力，标准化规模养殖已经成为畜产品供给的重要力量，为保障国家食品安全、增加养殖收益、稳定物价总水平、促进经济社会和谐稳定发展做出了积极的贡献。

规模养殖可以更好地抵御市场风险，带来可观的经济收益，还可以给农村带来较多的就业岗位，为当地居民提供更多的就业机会，对于促进和活跃农村经济的发展、保障猪肉的持续稳定供给都具有十分重要的意义。然而，在生猪生产的过程中，每头猪都是一个污染源，据统计，180天生产期的生猪日排泄系数（克/头）分别为粪2 200、尿2 900、总氮25.06、总磷9.44，每头猪产生的污水相当于7个人生活产生的废水。相比于生猪养殖散户，生猪规模养殖的废弃物不仅量大、集中，而且处理的难度也十分巨大。由此可见，生猪规模养殖是生猪养殖业中的主要污染源，事实上由于废弃物处置不当，生猪规模养殖当前也已成为我国农村最主要的污染来源。据统计，2015年中国已成为世界畜牧业最大污染国，而在国内行业结构中，畜牧业仅次于钢铁、煤炭行业，已成中国第三大污染行业。2015年中央一号文件指出，要加强农业面源污染治理；2016年中央一号文件指出保持农业持续、稳定、健康发展和农民持续增收，走产出高效、产品安全、资源节约、环境友好的农业现代化道路；2017年中央一号文件指出，当前农业农村发展的内外环境发生了重大的变化，出现许多新矛盾和新问题……资源环境承载能力已经到达极限了，绿色生产跟不上当前的发展要求；2018年中央一号文件指出，加强农业面源污染防治，开展农业绿色发展行动，实现投入品减量化、生产清洁化、废弃物资源化、产业模式生态化；推进有机肥替代化肥、畜禽粪污处理。这都体现了近年来我国农业污染问题的严重性和迫切性。2015年10月，中国共产党第十八届中央委员会第五次全体会议强调了“创新、协调、绿色、开放、共享”五大发展理念，这就要求畜牧业必须走“绿色协调”发展之路，这种发展模式对畜牧企业的环境行为提出了更高的要求。

因此，作为我国畜牧业中最重要的产业，生猪规模养殖要坚持节约和高效的利用能源、保护生态环境，建立绿色低碳循环发展的产业体系，不仅有助于实现我国生猪规模养殖的可持续发展，还可以大幅度降低生猪养殖业的污染进而减少畜牧业污染，缓解我国当前严峻的环境形势和压力，满足人民日益增长的美好生活需要，对此，国家出台了一系列政策来规范养殖业发展过程中的环境保护问题，主要内容如下。

从表1-3中可以体现出，我国政府针对畜牧业发展带来的污染问题做出了诸多、长期、积极的努力，从2010年底，我国环境保护部发布了《畜禽养殖业污染防治技术政策》并抄送农业部、各有关直属单位等部门；自2014年1月1日起正式施行《畜禽规模养殖污染防治条例》；2016年10月，为贯彻落实《畜禽规模养殖污染防治条例》《水污染防治行动计划》，指导各地科学划定畜禽养殖禁养区，环境保护部办公厅会同农业部发布了《畜禽养殖禁养区划定技术指南》，后续还出台了多部关于生猪养殖污染物治理的相关要求与规定。然而，随着我国生猪养殖业规模化、集约化程度的迅速提高，养殖过程中产生的废弃物高度集中且无法就地消纳，导致周边农村土地及水源的严重污染的现象仍然屡禁不止。例如，2015年7月20日，四川遂宁船山区河东新区长庙村一个圈养2 000头猪的大型养殖场

表1–3　我国针对养殖业发展中环境保护问题的相关规定及内容

相关规定	主要内容
《关于进一步做好当前生猪规模养殖环评管理相关工作的通知》	对年出栏量5 000头及以上的生猪养殖项目，探索开展环评告知承诺制改革试点，建设单位在开工建设前，将签署的告知承诺书及环境影响报告书等要件报送环评审批部门。环评审批部门在收到告知承诺书及环境影响报告书等要件后，可不经评估、审查直接做出审批决定，并切实加强事中事后监管。试点时间自通知印发之日起，至2021年12月31日
《关于进一步规范畜禽养殖禁养区划定和管理促进生猪生产发展的通知》	对禁养区内关停需搬迁的规模化养殖场户，优先支持异地重建，对符合环保要求的畜禽养殖建设项目，加快环评审批。加强对养殖场户畜禽养殖污染防治的技术指导与帮扶，畅通畜禽粪污资源化利用渠道
《关于做好稳定生猪生产中央预算内投资安排工作的通知》	择优选择100个生猪存栏量10万头以上的非畜牧大县开展畜禽粪污资源化利用整县推进，对符合条件的项目县，中央投资补助比例不超过项目总投资的50%，最多不超过3 000万元。中央预算内投资对2020年底前新建、改扩建种猪场、规模猪场（户），禁养区内规模养猪场（户）异地重建等给予一次性补助，主要支持生猪规模化养殖场和种猪场建设动物防疫、粪污处理、养殖环境控制、自动饲喂等基础设施建设。中央补贴比例原则上不超过项目总投资的30%，最低不少于50万元，最高不超过500万元
《关于加大农机购置补贴力度支持生猪生产发展的通知》	就优化农机购置补贴机具种类范围，支持生猪养殖场（户）购置自动饲喂、环境控制、疫病防控、废弃物处理等农机装备做出部署

（续表）

相关规定	主要内容
《国务院办公厅关于加快推进畜禽养殖废弃物资源化利用的意见》	以畜牧大县和规模养殖场为重点，以沼气和生物天然气为主要处理方向，以农用有机肥和农村能源为主要利用方向，健全制度体系，强化责任落实，完善扶持政策，严格执法监管，加强科技支撑，强化装备保障，全面推进畜禽养殖废弃物资源化利用，加快构建种养结合、农牧循环的可持续发展新格局。必须严格落实畜禽规模养殖环评制度，规范环评内容和要求。新建或改扩建畜禽规模养殖场，应突出养分综合利用，配套与养殖规模和处理工艺相适应的粪污消纳用地，配备必要的粪污收集、贮存、处理、利用设施，依法进行环境影响评价。对未依法进行环境影响评价的畜禽规模养殖场，环保部门予以处罚
《全国农业可持续发展规划（2015—2030年）》	支持规模化畜禽养殖场（小区）开展标准化的改造和建设，提高畜禽粪污收集和处理机械化水平，实施雨污分流、粪污资源化利用，控制畜禽养殖污染排放
《畜禽规模养殖污染防治条例》	对畜禽规模养殖的布局选址、环评审批、污染防治配套设施建设、废弃物的处理方式、利用途径等做出了规定
《畜禽规模养殖污染防治条例》	国家鼓励和支持畜禽养殖污染防治以及畜禽养殖废弃物综合利用和无害化处理的科学技术研究和装备研发。各级人民政府应当支持先进适用技术的推广，促进畜禽养殖污染防治水平的提高
《畜禽养殖业污染防治技术政策》	开展清洁养殖，重视圈舍结构、粪污清理、饲料配比等环节的环境保护要求；注重在养殖过程中降低资源损耗和污染负荷，实现源头减排；提高末端治理效率，实现稳定达标排放和“近零排放”

粪水外溢导致河流污染，令周围村民苦不堪言，被村民一再举报，船山区环保局执法人员经实地调查确认事实后对该养殖场进行了严肃处理。2017年3月8日，中华环保联合会对江苏江阴长泾梁平生猪专业合作社等养殖污染行为提起诉讼，请求法院判令梁平合作社等立即停止违法排污行为，并通过当地媒体向公众赔礼道歉；对养殖产生的粪便、沼液等进行无害化处理，排除污染环境的危险，并承担采取合理预防、处置措施而发生的费用；对污染的水及土壤等环境要素进行修复，并承担相应的生态环境修复费用；承担生态环境受到损害至恢复原状期间服务功能损失费用等。

生猪养殖所产生的废弃物主要包括猪粪、猪尿和污水等，在早期畜牧业和种植业平衡的情况下，生猪养殖所产生的猪粪、猪尿通常用作有机肥料，污水用作农作物灌溉，保持农业生产自然的生态平衡。但是，随着生猪养殖集约化和规模化，所产生的废弃物已经超过了环境的容量，因而对环境造成污染。与该案例类似的生猪养殖污染事件不在少数，从侧面反映了我国生猪规模养殖企业环境行为亟须改善。因此，从生猪规模养殖企业环境行为的特征入手，研究生猪规模养殖企业环境行为诱导因素的作用机制、路径，探究引导生猪养殖企业改善环境行为的政策设计，对于我国农村环境的保护、生猪规模养殖业的可持续发展都具有重要意义。

第二节　研究目的及意义

一、研究目的

本研究以生猪规模养殖企业为研究对象，构建生猪规模养殖企业环境行为的效益与成本函数，分析内外因素对企业环境行为的作用机理；通过构建生猪规模养殖企业环境行为系统动力学模型，利用系统动力学反馈分析技术，开展其环境行为演化的反馈机理分析；通过调控参数的设计组合研究，开展生猪规模养殖企业环境行为的优化政策设计组合研究。研究成果一方面为政策优化设计提供依据，另一方面进一步丰富企业环境行为相关理论，实现理论与实践的共同提升与进步。本书拟达到以下主要目标。

（一）明晰生猪规模养殖企业环境行为演化机理

生猪规模养殖企业的环境行为是在多种因素共同作用下产生的结果。但是这些因素对其环境行为的作用路径是不同的，这些因素并非各自独立的影响企业环境行为，而是在自身变化的同时通过作用于环境行为系统中的其他因素达到改变环境行为的效果。某一因素变化引起环境行为的改变是现象，但是内部的演化机理和作用路径才是影响企业环境行为的根本原因与本质所在。因此，改善生猪规模养殖企业环境行为，需要从环境行为的复杂系统入手，抓住各因素作用的演化机理和作用路径，达到治标治本的效果，从而为优化生猪规模养殖企业行为政策设计提供依据。

（二）对环境税率动态调整下企业环境行为的优化

征收环境税是规制企业环境行为的一个重要市场机制。随着社会的发展，环境税税率也需要进行相应的调整，否则一成不变的环境税率难以适应实际情况，将企业污染成本内部化的效果也就大打折扣。因此，针对环境税率动态调整下企业环境行为的研究，不仅对生猪规模养殖企业具有重要的现实意义，也对其他行业的污染减排具有一定的借鉴意义。

（三）考虑污染物偷排下的生猪规模养殖企业环境行为的优化

污染物偷排现象，不仅存在于生猪规模养殖企业中，在各类排污企业中也时有发生。污染物偷排具有一定的隐蔽性，对企业的排污行为以及地方政府的监管行为都会产生一定的影响。从排污的角度来看，可以将规模养殖企业分为有排污口和没有排污口两种养殖企业，但如何针对这两种养殖企业污染物偷排行为进行监管，需进一步探讨。

（四）以生猪规模养殖污染物再利用为出发点，基于提升污染物治理效率的视角对规模养殖企业环境行为的优化

生猪规模养殖猪粪尿以及冲栏水经沼气工程作用后的产物为沼气、沼渣、沼液。沼气和沼渣已形成了较为有效的合作开发模式，例如养殖场—政府—供电局、养殖场—政府—有机肥生产企业，因此，沼气沼渣的污染当前已通过资源化再利用有了良好的解决途径。而沼液由于存在运输成本高、再利用难度大等种种问题，导致生猪规模养殖沼液的合作开发模

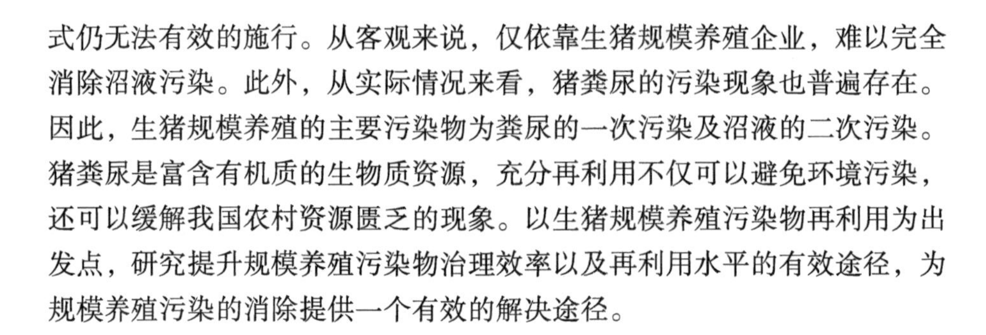

式仍无法有效的施行。从客观来说，仅依靠生猪规模养殖企业，难以完全消除沼液污染。此外，从实际情况来看，猪粪尿的污染现象也普遍存在。因此，生猪规模养殖的主要污染物为粪尿的一次污染及沼液的二次污染。猪粪尿是富含有机质的生物质资源，充分再利用不仅可以避免环境污染，还可以缓解我国农村资源匮乏的现象。以生猪规模养殖污染物再利用为出发点，研究提升规模养殖污染物治理效率以及再利用水平的有效途径，为规模养殖污染的消除提供一个有效的解决途径。

二、研究意义

（一）现实意义

随着工业化进程的推进和居民食品消费水平及能力的提升，畜禽产品的需求持续增长并带动畜禽养殖业不断发展壮大。生猪养殖长期以来都是我国畜禽养殖业的支柱产业，也是关系国计民生的基础性产业和重要的肉食产品供应来源，且在畜牧业中占据着主导地位。随着生猪养殖产量和产值显著上升，生猪养殖也正在经历着由传统散养为主的经营方式向规模养殖转化的变动。

生猪规模养殖为我国提供了稳定的肉类来源，增加了农村就业岗位需求，活跃了农村经济，但是其养殖污染问题却日益严重，甚至造成了与农户之间的矛盾纠纷，影响了我国农村社会的稳定团结，阻碍了其自身的可持续发展，而且还对我国生猪养殖业的良性发展造成了抑制作用，进而影响我国畜牧业走上“绿色协调”之路。中央“一号文件”也在持续关注生猪规模养殖污染问题。《“十三五”生态环境保护规划》指出，到2020年，生态环境质量总体改善，主要污染物排放总量大幅减少，生态文明建设水平与全面建成小康社会目标相适应。这就对生猪规模养殖企业的环境行为提出了更高的要求，不仅要坚持节约和高效地利用能源，还要保护环境，建立绿色低碳循环发展产业体系。由此可见，整治生猪规模养殖污染已到了刻不容缓的地步，这就需要对生猪规模养殖企业环境行为关键制约因素进行研究，探索引导生猪规模养殖企业环境行为的动力机制，从根本上改变其环境污染现状。因此，从生猪规模养殖企业环境行为的特征入手，研究生猪规模养殖企业环境行为诱导因素的作用机制、路径，探究引导生猪养殖企业改善环境行为的政策设计，对于我国农村环境的保护、生猪规模养殖业的可持续发展都具有重要意义。

（二）理论意义

生猪规模养殖企业环境行为涉及多方面因素的共同作用，是一个复杂的系统工程。本书从企业污染物排放和污染物治理两个角度研究企业环境行为，在研究污染物排放行为上考虑污染物偷排行为，在污染物治理方面从污染物各个治理环节进行考量。我国当前环境形势严峻，制造业等多行业均存在不同程度的环境污染问题。虽然各行业的污染源及污染情形不同，但均是一个复杂的系统问题，研究思路也具有一定的共性。本书以生猪规模养殖企业环境行为为例，探究提升其环境行为的重要途径，研究思路可以为研究工业、制造业等其他类型企业环境行为这一复杂系统工程提供参考与借鉴价值。

第三节 研究内容及方法

一、研究内容

生猪规模养殖企业的环境行为所处的系统是一个复杂系统，该系统由行为主体子系统、企业内部环境子系统、企业外部环境子系统和政策子系统等子系统构成。其中行为主体子系统包含生猪规模养殖企业、政府相关部门和当地农户3个行为主体；企业内部环境子系统的构成要素包括企业规模与发展阶段、企业沼气建设水平等；企业外部环境子系统的构成要素包括污染监控技术水平和企业周边土地承载量等；政策子系统由激励与约束两部分构成，包括政府主导的沼液合作开发模式以及监管行为等。在确定生猪规模养殖企业环境行为系统要素基础上，应用复杂环境行为理论，构建包括生猪规模养殖企业规模、企业沼气工程建设力度与运行成本、当地政府与农户的监管、环境法律法规执行力度、政府补贴、政府支持、沼液合作开发模式等要素的生猪规模养殖企业环境行为的理论假设模型。结合生猪规模养殖的排污特点，开展生猪规模养殖企业环境行为演化研究。

（一）生猪规模养殖环境效率及资源环境承载力评价分析

在我国农业发展的进程中，农业技术的进步对农业环境水平存在重要影响。在生猪养殖中，农业技术进步在存栏时间、养殖方式等方面均有所体现，使得我国生猪养殖水平日益提高。此外，生猪规模养殖能否良好稳定的发展，不仅受到技术的影响，还要以资源环境为依托，既要消耗大量的资源，还会产出一定的污染物。本书首先从整体上测算了我国农业技术进步和农业环境水平间的耦合关系；其次考虑养殖污染物排放这一非期望产出，对我国生猪规模养殖环境效率进行分析；最后对生猪规模养殖所面临的资源环境状况，进行了资源环境承载力评价分析，从而客观评估我国生猪规模养殖的环境效率和资源环境承载力的发展趋势。

（二）环境税率动态调整下的生猪规模养殖企业环境行为演化分析

环境税率在国家最低标准基础上调整已是大势所趋。部分省区市已经在国家最低标准基础上上调了环境税率，对应税污染物种类也进行了增补。在此背景下，以地方政府和排污企业为研究对象，考虑企业生产规模、治污成本、声誉损失、政府监管成本等重要因素，构建地方政府和排污企业两大参与主体相互作用关系的演化博弈模型，研究在环境税率的动态调整下，地方政府监管行为和企业治污行为最终的演化路径；通过对演化路径的分析，探究环境税率动态调整下提升生猪规模养殖企业治污水平的有效途径。

在对演化路径进行分析时，由于生猪规模养殖企业的治污行为演化受到多因素的综合作用，为此，利用系统动力学仿真分析技术，通过对生猪规模养殖企业环境行为演化的系统仿真分析，探索生猪规模养殖企业环境行为的演化机理，对企业环境行为的优化开展政策设计研究。

（三）偷排行为下的规模养殖企业排污行为分析

在环境税率动态调整下，促使生猪规模养殖企业采取完全治污措施，对于不完全治污的排污企业，必然存在排污行为。当前，企业污染物偷排是屡见不鲜的污染行为。在此背景下，有必要对其排污行为进行探究。由于部分规模养殖企业有污染物排放口，部分规模养殖企业没有污染物排放口，故分别针对两种规模养殖企业排污行为进行了分析。

针对有污染物排放口的规模养殖企业，在对其所处内外环境分析的基础上，考虑了环境税收减征政策、地方政府审查成功概率、企业偷排量占比、群众监督等重要因素，构建偷排行为下的地方政府、企业排污行为演化博弈模型，通过对演化路径的分析，探究提升有污染物排放口的不完全治污企业排放行为的优化政策。

针对没有污染物排放口的规模养殖企业，在对其所处内外环境分析的基础上，考虑了污染企业对农户的赔偿、企业污染行政处罚、地方政府检查成功概率等重要因素，通过对当地农户参与企业排污行为监督下，当地农户代理监督与企业的收益函数的分析，构建引入农户监督下的生猪规模养殖企业排污行为静态博弈及演化博弈模型，分析农户监督对没有污染物排放口的不完全治污企业偷排行为的规制作用。

（四）基于污染物治理效率提升的生猪规模养殖企业治污行为演化反馈分析

针对生猪规模养殖带有污染性的主要产出物：猪粪尿、沼液、沼渣、沼气等，分析了各产出物当前的治理模式以及存在的问题，得出当前我国生猪规模养殖的主要污染为猪粪尿的一次污染及沼液的二次污染。从污染物治理的角度，研究基于污染物治理效率提升的生猪规模养殖环境行为的有效途径。针对生猪规模养殖企业粪尿污染，开展生猪规模养殖企业粪尿治理系统动态复杂性反馈分析，应用系统动力学反馈分析技术和极小基模集分析法，开展生猪规模养殖企业粪尿治理系统反馈基模的构建与分析，运用简化流率基本入树建模法，构建生猪规模养殖企业粪尿治理系统简化流率基本入树模型。对课题组的合作基地：泰华牧业有限公司、银河杜仲牧业有限公司、德邦牧业有限公司等生猪规模养殖场调研分析的基础上，选取江西萍乡泰华牧业有限公司作为案例分析的对象，基于生猪规模养殖企业粪尿治理系统简化流率基本入树模型，构建生猪规模养殖企业粪尿治理系统流率入树模型，通过对生猪规模养殖企业粪尿治理系统运行的预测，探究基于粪尿治理效率提升的生猪规模养殖企业环境行为优化的必要条件。

针对生猪规模养殖企业沼液污染，在现有的“种养结合消纳沼液”模式的基础上，以“宁波龙兴生态农业科技开发有限公司利用生猪规模养殖沼液研发并生产沼液生态肥”为背景，进行以沼液有机肥模式来提升生猪规模养殖沼液治理效率的有益探索。考虑生猪规模养殖沼液偷排行为、“种养结合”模式、养殖企业土地资源禀赋等重要因素，从收益成本的角度，构建有机肥厂和生猪规模养殖企业两大参与主体的收益函数，进而构建有机肥厂和生猪规模养殖企业两大参与主体的演化博弈模型，求解有机肥厂和生猪规模养殖企业合作的必要条件、分析各因素的作用效果。通过对生猪规模养殖企业沼液有机肥合作开发模式演化反馈机理分析，探究基于沼液治理效率提升的生猪规模养殖企业环境行为优化的有效途径。

二、研究方法

（一）利用博弈分析方法，开展生猪规模养殖企业环境行为分析

考虑环境税率动态调整及企业偷排行为，构建了地方政府监管下的生猪规模养殖企业环境行为的演化博弈模型；考虑农户对生猪规模养殖企业环境行为的代理监督作用，构建了农户参与监督下的静态博弈模型；考虑基于沼液治理效率提升的企业环境行为优化，构建沼液有机肥合作开发演化博弈模型，通过对博弈模型的均衡分析，开展生猪规模养殖企业环境行为演化研究。

（二）利用系统动力学调控参数组合仿真技术，开展生猪规模养殖企业环境行为的演化博弈仿真分析

利用系统动力学逐树仿真方法，构建养殖企业环境行为演化博弈流率入树模型，开展调控参数设计组合研究；通过系统动力学模型的调控参数组合仿真分析，开展生猪规模养殖企业环境行为优化政策组合设计。

（三）利用系统动力学反馈仿真技术，开展生猪规模养殖企业猪粪尿污染物治理系统的反馈机理研究

通过构建生猪规模养殖企业猪粪尿污染物治理系统的系统动力学模型，应用系统动力学反馈基模分析方法，开展企业猪粪尿污染物治理系统动态复杂性反馈结构分析，构建具有实际意义的反馈基模；通过反馈基模分析，探索生猪规模养殖企业猪粪尿污染物治理的反馈机理。

（四）利用案例分析法与反馈基模分析法相结合，开展生猪规模养殖企业猪粪尿污染物治理案例研究

在对项目组研究基地——江西萍乡泰华牧业有限公司进一步深入调研的基础上，对调研企业猪粪尿治理系统进行系统分析，明确生猪规模养殖企业猪粪尿治理系统要素，基于已构建的反馈基模，建立生猪规模养殖企业猪粪尿污染物治理系统流率入树模型，开展基于猪粪尿治理效率提升的生猪规模养殖企业环境行为系统反馈案例研究。

第四节　研究思路及主要创新点

一、研究思路

在阐述生猪规模养殖环境行为现状、明确相关理论的基础上，对生猪规模养殖环境效率及资源环境承载力进行评价分析，明确当前生猪规模养殖企业面临的环境约束水平；通过对政府企业相互作用因素的分析，构建环境税率调整下的企业环境行为演化博弈模型，研究促使企业完全治污的有效途径；针对企业的不完全治污行为，一方面从企业排污的角度，构建偷排行为下的企业排污博弈模型，研究偷排下的企业排污行为改善的优化设计，另一方面从企业污染物治理效率提升的角度，利用简化流率基本入树理论、极小基模生产集法等理论探究猪粪尿治理效率提升的必要条件，利用演化博弈理论，对生猪规模养殖沼液治理模式进行有益探索（图1-1）。

二、主要创新点

一是对环境税率调整下的企业环境行为进行了分析，并提出了环境税率动态调整方程，为环境税率的调整提供参考依据。通过对环境税率不变下的地方政府、排污企业博弈模型的分析，发现环境税率不变不利于长期规制企业环境行为，进而提出了环境税率动态调整方程，将环境税率不变及环境税率动态调整下的政企博弈模型进行对比，验证了环境税率动态调整方程的有效性。

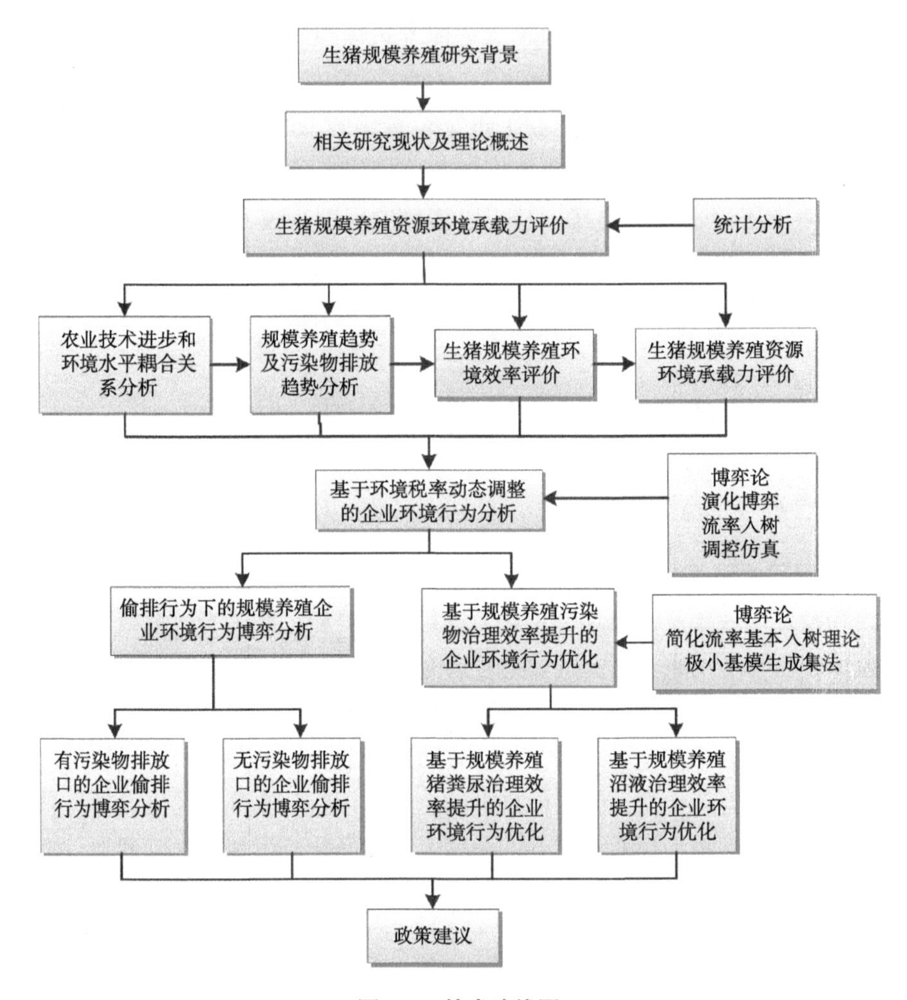

图1-1　技术路线图

二是通过分析污染物偷排下的企业、地方政府、农户三利益主体行为，研究三者的行为规律，得出了针对有排污口和没有排污口的企业的不同的监管策略。污染物偷排是当前我国规模养殖存在的一个重要污染成因，由于偷排行为的存在，规模养殖企业增加了污染物排放量，使得实际的污染物排放水平高于应有的污染物排放水平。在对企业污染物排放行为进行分析时，从实际出发，针对有污染物排放口的企业和没有污染物排放口的企业的排放行为，分别对企业、地方政府、农户的相互作用关系进行了界定，通过均衡分析，研究了地方政府监管、农户代理监督下的企业排放行为决策规律。

三是在对企业污染物治理行为进行分析时，按照污染物治理流程，探讨了提升各流程污染物治理水平的必要条件及有效途径。在对提升沼液治理水平的研究中，以农业废弃物资源再利用为宗旨，对如何推动沼液合作开发模式的稳定运行进行了探索。污染物偷排行为，使得企业实际的污染物排放水平高于应有的污染物排放水平，同时还使得实际的污染物治理水平低于应有的污染物治理水平。因此，污染物偷排不仅会从企业污染物排放的角度影响企业的环境行为，还会从污染物治理的角度影响企业的环境行为。本书考虑企业污染物偷排行为，按照污染物治理流程，分析各阶段下参与主体的行为特征、构建效用函数，通过模型分析探究提升各阶段污染物治理效率，研究共同提升生猪规模养殖环境行为的有效途径。

第二章　相关研究现状及理论简述　2

第一节　研究现状分析

企业环境行为是在内外因素共同作用下的复杂系统。通过对关于企业环境行为影响因素文献的梳理，可以为生猪规模养殖企业环境行为的研究提供一定的借鉴和参考意义，所得的部分结论可以作为优化生猪规模养殖企业环境行为的依据。国内外学者对于企业环境行为进行了广泛而深入的研究，取得了一系列优秀成果，下面主要从企业环境行为的内涵及相关理论、企业环境行为影响因素、生猪规模养殖企业环境行为演化3个方面进行阐述。

一、企业环境行为的内涵及相关理论

环境行为也被称为“亲环境行为”“生态行为”和“负责任的环境行为”等。关于企业环境行为的定义，Sarkar认为企业环境行为是企业为了平衡环境和经济效益而推行的一系列战略措施，可能是源自外界的压力或是为了降低环境污染而采取的比较积极的管理手段。Corbet认为企业环境行为是指企业在生产经营过程中对环境造成影响的行为以及为挽救负面影响而采取的措施。朱庆华等认为企业环境行为是指企业面对来自政府、社会公众等出于对环境保护的压力，根据自身的特点及发展战略所采取的对环境产生影响的措施和手段的总称。在企业环境行为内涵的研究方面，Jamison提出企业环境行为主要内容包括：企业环境保护承诺、生产过程中原材料和能源的清洁管理、利益相关者的有效参与以及企业环境信息公开并为造成的环境问题承担责任。陈怡秀将企业环境行为内涵总结为以下

3个方面：一是环境管理行为，即企业在制定发展战略时会将环境问题作为重点考虑因素，向相关监督部门和社会公众公布详尽的环境报告，在企业日常生产经营过程中组织专业人员或设立专门部门进行企业内部环境监督和管理等，对企业生产全过程进行环境控制，以达到最小化环境污染。二是环保投资行为，即增加清洁生产技术和绿色产品研发的投入，定期维护或更新对环境能够造成污染的生产设备，增加污染治理技术方面的投资，同时为了顺利达到环境规制的有关标准，逐渐增加对环境方面的运营费用投资，如环境监管费用、审计费用等。三是环保营运行为，即在产品生产过程中优先使用环保性原材料或选择环保性替代技术，尽可能降低能源消耗或使用可再生能源，精简产品包装或使用环保的包装材料等。企业环境行为的相关理论，主要包括规范激活论、计划行为论、ABC理论和价值—信念—规范理论等。

1. 规范激活论（Norm Activation Theory）

Schwartz认为价值观可以引导个人在不同的情境下设定合意的目标，是个人或其他社会实体从事日常活动的指导性原则。尽管社会鼓励某种助人行为，但并不意味着所有人都能听从社会的支配。利他行为是人们在社会生活中将外部不成文的规范内化为个人的规范、道德义务感、社会责任感、信念与价值观的结果。不遵循这些内化了的信念行事的人，不仅会受到社会的惩罚，也会受到内心的谴责。个人能否产生利他行为，有赖于其所形成的内化规范的性质（积极的还是消极的）、道德义务感的被激活，以及对所付代价和可能产生后果的评估等心理活动。根据来自44个国家共25 863名调查者的数据，Schwartz发现有10种激励性的价值观主导着个人的行为，并且这10种价值观可以从2个维度进行分类，即开放和保守、利他和利己。在利他行为中，个人规范是唯一的直接决定性因素，也就是说当个人意识到特定的事件威胁了他人的生存（Awareness of Consequences，AC），并且认为有义务改善这一后果时（Ascription of Responsibility，AR），个人规范会激发起个人的责任感进而采取利他行为。

2. 计划行为论（Theory of Planned Behavior）

Ajzen提出了心理学领域经典的计划行为论（TPB）。在这一理论框架中，Ajzen假定每个人都是追求效用最大化的个体，当他需要制定行动

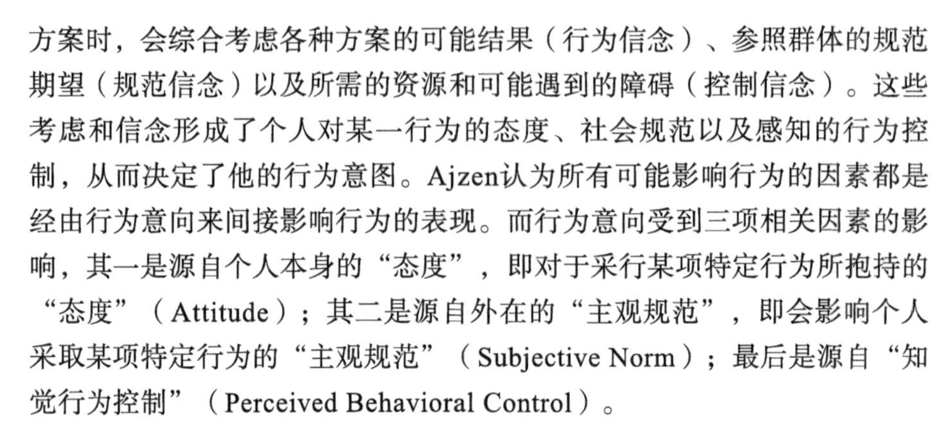

方案时，会综合考虑各种方案的可能结果（行为信念）、参照群体的规范期望（规范信念）以及所需的资源和可能遇到的障碍（控制信念）。这些考虑和信念形成了个人对某一行为的态度、社会规范以及感知的行为控制，从而决定了他的行为意图。Ajzen认为所有可能影响行为的因素都是经由行为意向来间接影响行为的表现。而行为意向受到三项相关因素的影响，其一是源自个人本身的“态度”，即对于采行某项特定行为所抱持的“态度”（Attitude）；其二是源自外在的“主观规范”，即会影响个人采取某项特定行为的“主观规范”（Subjective Norm）；最后是源自“知觉行为控制”（Perceived Behavioral Control）。

3. ABC理论（Attitudinal variable-Behavior-Contextual factor Theory）

Guagnano等学者提出了预测环境行为的ABC理论，该理论指出环境行为是个人的环境态度变量和外部条件相互作用的结果，当外部条件的影响比较中立或者趋近于零的时候，环境行为和环境态度的关系最强；当外部条件极为有利或者不利的时候，可能会大大促进或者阻止环境行为的发生，此时环境态度对环境行为的影响力就会显著变弱。

4. 价值—信念—规范理论（Value-Belief-Norm Theory）

价值—信念—规范理论（VBN）由Stern提出，是公众环保行为研究的重要理论，该理论认为价值取向、新环境范式、结果意识、责任归属和个体规范5个变量构成密不可分的因果链；在该因果链模式下，公众环保行为由个体规范所激活，个体规范由个体对没有执行目标行为而给他人造成不良后果的意识（即结果意识）和个体对没有实施目标行为而造成不良后果所产生的责任感（即责任归属）所激发，结果意识和责任归属本身则受到个体的价值取向和环境关心影响。价值—信念—规范理论在国外已经被广泛地运用于能源节约、绿色出行等环保行为的研究，并被证实具有良好的预测力。该理论结合了心理学的价值理论、规范激活理论和环境社会学的新环境范式理论，通过价值观、信念和规范3种变量之间的作用来解释环境行为的形成，是规范激活理论在环保行为研究中的拓展，在公众环保行为研究方面比规范激活理论具有更强的解释力。

二、企业环境行为影响因素研究现状分析

企业处于一个持续不断变化的社会、经济、文化环境里，其自身也处于不断变化的状态之中，因此企业环境行为是在综合外部环境、自身因素的条件下进行的博弈抉择和反馈。有必要对影响企业环境行为的因素的研究现状进行归纳总结。从现有文献来看，可以将企业环境行为的影响因素分为两类，一类是来自企业外界的因素，另一类是来自企业自身的因素。

（一）企业外界因素对环境行为的影响

影响企业环境行为的外界因素主要归纳为政府管制、市场机制、公众监督、市场需求等，其中“市场机制”和“政府干预”是我国政府针对企业最主要的两种管制方式。

1. 政府规制对企业环境行为影响研究

政府规制是指政府为达到一定的目的，凭借其法定的权利对社会经济主体的经济活动所施加的某种限制和约束，其宗旨是为市场运行及企业行为建立相应的规则，弥补市场失灵，确保微观经济的有序运行，实现社会福利的最大化，包括环境法律法规、行政处罚等，都对企业环境行为有着重要的作用，研究表明，污染较重的企业相对来说更多的位于环境监管薄弱的国家。最初针对企业环境行为的研究可以追溯到庇古和科斯分别基于外部性理论和产权理论而提出的用征收排污税和排污权交易来限制污染排放。这个理论认为政府是保护环境的责任主体，应该由政府通过环境规制来改变企业的环境行为，从而达到环境保护的目的。在此观点的影响下，之后很长一段时间内关于企业环境行为的研究思路都是将企业视为被动的经济主体，其环境行为主要是为了满足政府的环境规制要求，因此研究内容主要集中在政府规制和企业遵从之间的关系。杜建国认为企业环境行为的良好发展需要政府的宏观规制，政府要使用多种环境规制手段对企业环境行为进行治理。He研究表明，政府环境监管、消费者和股东的压力以及企业的个体特征对企业环境行为产生了积极的推动作用，其中政府环境监管产生了最重要的影响。Biglan提出政府强制规制可以迫使企业环境行为的外部成本内部化。吴瑞明研究了上游排污群体、政府和下游受害群体的博弈模型，认为环境质量取决于政府行为。张学刚认为降低政府监管成本、

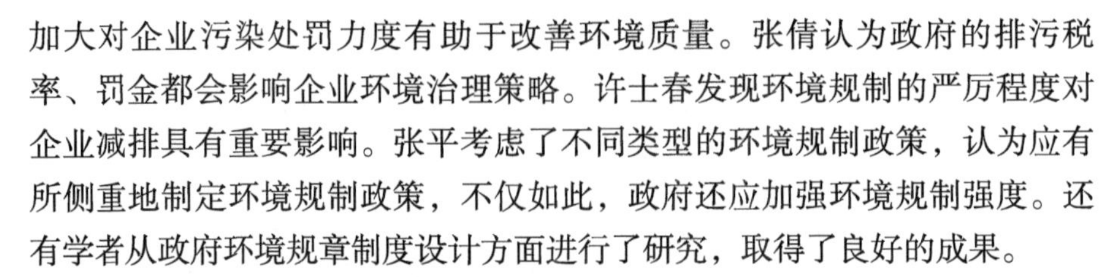

加大对企业污染处罚力度有助于改善环境质量。张倩认为政府的排污税率、罚金都会影响企业环境治理策略。许士春发现环境规制的严厉程度对企业减排具有重要影响。张平考虑了不同类型的环境规制政策，认为应有所侧重地制定环境规制政策，不仅如此，政府还应加强环境规制强度。还有学者从政府环境规章制度设计方面进行了研究，取得了良好的成果。

2. 市场机制对企业环境行为的影响

我国将排污企业环境成本内部化的重要市场机制之一是排污收费制度。排污收费制度是指向环境排放污染物或超过规定的标准排放污染物的排污者，依照国家法律和有关规定按标准交纳费用的制度。征收排污费的目的，是为了促使排污者加强经营管理，节约和综合利用资源，治理污染，改善环境。排污收费制度是“污染者付费”原则的体现，可以使污染防治责任与排污者的经济利益直接挂钩，促进经济效益、社会效益和环境效益的统一。排污费除了执法刚性不足等缺陷外，还存在激励不足的问题：当企业将排污水平控制在政府规定之内时，企业将没有进一步治污的动力。2018年1月1日，《中华人民共和国环境保护税法》正式实施，排污收费制度正式退出历史舞台。不同于排污收费制度，环境保护税强调的是“污染者付费”原则，这将进一步激励企业采取减排措施。然而，我国现行的排污费制度还存在征收标准偏低的问题，难以将企业环境成本内部化。在当前“税负平移”的背景下，环境税率的适时调整对优化企业环境行为具有重要作用。

针对环境税率调整下来企业环境行为的研究，主要集中于以下3个方面。

（1）从治污成本角度进行的研究。秦昌波指出应使环境税征收标准高于现行排污费征收标准，至少与治理成本相当。Zhang指出，最优税率应等于环境排放物的边际减排成本。Ohori和Schwartz分别研究了不同假设下环境税率与庇古税率之间的关系。

（2）从排污企业对环境税率的反馈角度进行的研究。Baumol指出，可以通过观测在给定排放税率下企业的污染水平，在下一阶段对税率进行调整，从而使企业污染水平逐步达到目标水平。Karp针对面源污染，基于微分博弈，提出了线性动态环境税机制。Christian在Karp的成果上进一步提出了追求长远利益的“有远见”的与只追求当前利益的“短视”企业同时存在下的线性动态环境税机制，认为对于在当前阶段排放情况较好的企业，应在下一阶段降低排放税税率，而对于排放情况较差的企业，应提升税率。

（3）从社会经济发展的角度进行的研究。Presley通过对不同国家重工业行业的对比发现，高收入国家对重工业征收的排放税远高于低收入国家，排放税率的调整应符合经济发展水平。陈工研究发现环境税税率应与经济水平正相关。徐圆认为中国的污染税率应随着收入的增长而提高。陈诗一对我国最优碳税的确定进行了研究，指出短期内可执行无差别碳税政策，长期而言需要适当提高碳税税率。李香菊认为不仅应根据各地区经济水平实行有差别的环境税率，还应根据地区自身发展水平对环境税率进行适时调整。

3. 公众监督对企业环境行为影响研究

随着环境问题的日益突出和公众环保意识的提高，企业的环境行为受到来自外界各方越来越多的压力影响。除了政府规制的压力外，公众的力量也在一定程度上改变着企业的环境行为。一方面，公众的监督作用可以迫使企业改善环境行为。熊鹰指出由于市场失灵和政府失灵的存在，为发挥第三种力量的作用提供了机会，公众作为环境利益的相关者积极参与环境管理，可以降低社会管理成本，也有助于减少因市场失灵和政府失灵所造成的环境资源损失。杜建国分析了公众对环境的监督技能、政府对公众参与的奖励对企业环境行为的促进作用，公众参与下的企业环境行为路径演化系统既可以向良好状态演化，也可以“锁定”于不良状态。姜博指出应推进社会信息平台建设，使环境领域的信息更加公开和透明，使社会民众也能够方便地进入环境监督体系，成为监督的一分子。李国平基于最优契约设计视角，讨论了引入当地居民作为第三方的作用，将当地居民作为第三方规制引入地方政府环境规制中，得到包含第三方监管的最优环境规制契约，最优契约的关键就是地方政府要确定在重大环境污染事故发生后对当地居民的收买成本，第三方规制的引入能够在一定程度上烫平地方政府环境规制的波动。Kagan和Thornton通过对14家造纸厂的环境行为进行了研究，发现来自公众的压力对于企业的环境行为有良好的促进作用。张伟考虑了政府不同监管模式，发现企业违规行为不仅受违规惩罚力度以及政府监管成功率的影响，还受到第三方监管力度的影响。徐大伟分析了公众监督对政府和矿山企业的合谋行为的抑制作用。

4. 市场需求对企业环境行为影响研究

公众还通过市场需求引导企业主动改善环境行为。研究表明，企业的环境保护行为对客户购买意愿有积极和显著的影响，对于环保意识较高的消费者，企业的环保行为有助于树立良好的企业形象，鼓励消费者购买自己的产品或服务，并且高收入消费者愿意为环保友好型商品支付溢价，公众的绿色消费偏好使企业出于市场占有率的考虑，主动承担环境责任。这样使得那些积极降低污染的企业愿意内在化其污染的不经济性，从而采用积极主动的环境行为；当高收入消费者愿意将环境友好型产品利益内在化时，企业就可以通过产品差异化策略来提升其竞争力。因此面临着当下巨大的环境挑战，企业采取积极的环境行为有助于建立绿色竞争优势。Shan研究表明，跨国企业的可持续竞争优势的发展是一个渐进的过程，依赖于企业的环境行为和他们的行为的合法性。影响企业环境行为的外界因素主要还有政策支持。Mir评估了影响耶路撒冷的小型服务家族企业环境行为的条件和变量，发现采取环境措施的公司在环境机构撤销补贴时又返回了非法行为。引导企业主动加强环境行为的建设，不仅需要财政补贴，还需要增加促进企业竞争优势形成的激励和扶持机制。此外，对企业环境行为产生影响的外界因素还有环境的稳定性、财政压力等。Lin对台湾的中小企业进行了问卷调查，发现环境不确定性对采用中小企业绿色做法的决定具有显著的负面影响。Andrews认为融资是改善企业环境行为的一个重要因素。

（二）企业内部因素对环境行为的影响

企业内部的一些因素也与其环境行为有着密切的关系。影响企业环境行为的内部因素主要包括环境能力、环保意识、企业规模等。一些学者从企业管理者的角度对企业行为进行了研究。林秀治以休闲农业经营组织为研究对象，实证表明，管理层环境意识对不同等级的休闲农业经营组织的环境行为均有显著影响。不仅如此，企业管理者的环境行为、环境意识、教育水平、资历均与企业环境行为正相关。在企业规模方面，普遍认为规模较大的企业环境行为更好。Guan通过对太湖流域印染企业环境行为因素的研究，发现中等规模企业的污染控制投资高于小型企业。Welch和Mori实证研究发现企业规模与企业环境行为正相关。除此之外，影响企业环境行为的内部因素还包括企业战略驱动与社会责任驱动、管理者对企业形象的关心度、企业组织结构等因素，但是值得注意的是，企业的财务状况对其环境行为并没有显著影响。

三、生猪规模养殖企业环境行为演化研究现状

针对生猪规模养殖企业环境行为的概念，当前并没有一个精确的定义。本书在借鉴企业环境行为概念的基础上，将生猪规模养殖企业环境行为定义为：生猪规模养殖企业在养殖过程中产生的养殖污染物对环境造成影响的行为，包括生猪规模养殖企业的污染物排放行为和污染物治理行为。学者对于排污企业环境行为的研究成果为提升生猪规模养殖环境行为提供了借鉴和参考。然而，生猪规模养殖企业相比于工业等排污企业具有一定的特殊性：第一，生猪规模养殖企业选址分散且偏远，使得政府监管难度大且成本高，难以准确监管企业行为，致使生猪规模养殖企业往往处于弱监管状态；第二，生猪养殖市场风险大，再加之养殖周期长，将市场风险进一步放大，导致生猪规模养殖企业环境行为具有一定的波动性；第三，种植业的季节性特点，导致养殖企业环境行为也具有一定的季节性。这些特性导致其特殊的环境行为，为了探索改善生猪规模养殖企业环境行为的有效路径，一些学者对其环境行为的影响因素和演化机理进行了研究。

（一）生猪规模养殖企业环境行为演化机理

从现有文献来看，影响生猪规模养殖企业环境行为的外部因素主要包括政府政策、地区特征、产业组织情况等；内部因素主要包括养殖户家庭年纯收入、养殖规模、养殖培训情况、养殖户生态认知、环境能力、环境态度等。这些内外部因素共同对生猪规模养殖企业的环境行为产生影响，从而决定了其环境行为。

相关学者就这些内外部因素对生猪规模养殖企业环境行为的作用机理进行了探索。邬兰娅以养猪企业为研究对象，基于复杂环境行为模型构建了影响养猪企业实施环境行为的模型分析框架，实证研究发现养殖规模、环境态度、猪场经营年限、粪污对畜禽健康的影响、政策了解度、政

府规制和支持变量对养殖场的环境行为均具有显著正向影响，但是公众与市场压力对养殖企业环境行为影响不显著，这可能与我国面子观念和人情交往等文化背景有很大关系。朱哲毅选取技术补贴、设施补贴和收入补贴三项补贴政策，分析了648户养猪户对该三项畜禽养殖末端污染防治政策的接受意愿，发现养殖户对技术补贴和设施补贴的接受意愿较高，对收入补贴的接受意愿不显著，只有当收入积累到一定程度，向技术、设施等领域扩散转变时，收入的作用才发挥出来。刘雪芬从养殖户生态认知角度出发，对养殖户生态行为决策影响因素进行实证分析，结果表明，养殖户家庭年纯收入、养殖规模、参加过培训、进行过产品质量安全监测以及养殖户生态认知等因素对养殖户生态行为具有显著正向影响。

张郁实证发现养猪户的环境风险感知，包括养猪户的水体、土壤污染感知、污染罚款数量、与周边农户发生冲突影响的感知以及部分环境风险均对其环境行为的采纳存在显著正向影响，而环境规制政策对于养猪户环境风险感知—环境行为关系存在正向调节效应。此外，养猪户的家庭资源禀赋包括养殖培训数量、组织化程度、养殖规模和配套土地面积对其环境行为具有正向影响，而生态补偿政策对养猪户资源禀赋—环境行为关系具有显著正向调节效应。除了上述影响因素外，孔凡斌还实证表明了地区特征、产业组织情况对生猪规模养殖企业环境行为具有显著正向影响。左志平基于演化博弈理论，建立政府环境管制下规模养猪户绿色养殖模式演化模型，得出养猪户养殖模式的选择受到政府规制、环境排污收费、绿色补贴、养猪户环保投资等因素的共同影响，应加大环境管制、政策扶持、绿色产品宣传和绿色养殖技术的推广指导等规制措施。Zheng指出粪便收集技术及处理模式与企业环境行为高度相关，而且在制定与畜牧生产相关的环境政策时还应考虑农户的多样性。Pan也具有类似观点，认为应考虑养殖户的异质性，并指出沼气补贴、技术支持、排污费、粪便市场能促使农户选择环境友好型粪便处理方式，其中农户对沼气补贴政策表现出最高的偏好。宋燕平基于计划行为理论和信念—价值—规范理论，分析了农业组织中农民的环境认知、环境态度、环境能力等与其亲环境行为之间的关系，发现农民的环境认知、环境态度和环境能力对其环境行为均存在直接或间接的正向作用。徐志刚指出农户声誉诉求对其亲环境行为存在显著的促进作用。此外，邬兰娅研究表明社会参照规范变量显著负向影响生猪养殖户粪污无害化处理行为。

我国规模养殖业污染属于典型的“隐形环境问题”范畴，具有4个特征：①从分布地区上看，基本上分布于乡村地区；②从参与主体上看，以中小型养殖场为主，受影响者主要是普通村民；③从社会结构上看，属于典型的熟人社会圈；④从环境影响上看，无人员伤害。针对这种偏远地区分散式农业污染，地方政府部门的监管能力及效果都是有限的，而农户作为规模养殖业环境污染的利益相关人，将农户的监督作用纳入政府监管机制中，理应是提升规模养殖业环境行为的良好途径。李健芸认为政府要鼓励农村居民监督畜禽养殖户并及时上报污染问题；丰富农村环境保护的救济渠道，让农村居民更好地进行公益诉讼及维权活动。Hadrich对公民对密歇根州农业生产者的环境投诉进行了研究，确定了影响公民投诉的农场和社区因素。此外，政府会给企业一定的激励措施，如财政补贴，来引导企业的环境行为。因此，政府对生猪规模养殖企业的政策应包含两个方面，即强制政策和激励政策。宾慕容通过对367位生猪养殖户调研数据的分析，发现政府监督是显著影响养殖户污染治理意愿的表层直接因素。郭晓指出政府的环保监督力度对养殖者响应政府外部环境成本控制补贴政策的意愿有显著影响，进而影响其环境行为。左志平研究认为政府规制对规模养猪户绿色养殖模式的演化具有较强的推动作用，应加强政府规制力度。姜海指出，在畜禽养殖废弃物资源化利用中应同时扮演废弃物处理排放监督者、资源化利用组织者与服务购买者等“多重角色”，通过引导与规制消除养殖污染。与前述观点有所不同的是，徐志刚通过对8省330户养殖户的调查研究发现，政府引导对养殖户污染物废弃的抑制作用显著，而政府管制措施却未表现出显著影响。还有学者从监管体系进行了研究。张晓岚认为我国政府可借鉴荷兰畜禽养殖污染法律法规要求，完善法律法规体系，加强对企业违法、违规的处罚力度。吕文魁认为应借鉴欧盟防治畜禽污染的成功经验，建立全程化环境监管体系。邬兰娅认为环境政策规制是环境保护的有效保障，应完善相关法律法规和加强监督约束。文献指出政府监管和政府补贴对生猪规模养殖企业环境行为的促进作用。文献指出应加大补贴力度。文献还研究了3种财政补贴的效果。Zheng指出技术标准、沼气补贴和信息提供被证明是最有效的政策，但污染费和粪便市场不能促使猪畜养殖中的粪便管理进行环境改善。

（二）生猪规模养殖企业粪尿治理现状

猪粪尿发酵主要是依靠甲烷菌。甲烷菌的产气温度区间为8～60℃，最佳温度为35℃，在15℃之上可连续产气，低于8℃停止产气。部分养殖场采用地下式或地面式常温发酵池，随着气温的降低，产气率降低，在冬季甚至停止产气，不仅浪费了可再循环利用的资源，还使得猪粪尿无法全部处理导致直接污染。

生猪规模养殖企业均配有沼气工程，将猪粪尿、冲栏水等养殖废弃物进行发酵以消除猪粪尿的直接污染。因此，沼气工程和生猪规模养殖企业环境行为密切相关。企业的逐利性使得其环境行为又与环境保护成本具有紧密联系。因此，有必要分析生猪规模养殖企业沼气工程经济效益的研究现状。

沼气工程具有良好的生态和能源效益，一方面，沼气工程能够在一定程度上解决养殖场动物粪尿的污染问题，并减少温室气体的排放；另一方面，沼气工程发酵动物粪尿产生的沼气可以用于发电或者直接用作燃料，目前部分地区已经建立并投入使用了沼气集中供气工程，沼渣沼液能在一定程度上取代农药化肥，这都大大缓解了我国农村能源紧张问题，符合我国低碳发展的要求，因此沼气工程对于养殖场、农村环境、能源资源而言都具有重要意义。然而，目前我国养殖场沼气工程的运营现状并不乐观，部分地区甚至出现了停运的现象，极大地阻碍了沼气工程生态和能源效益的发挥。

沼气工程的生态和能源效益具有正外部性。刘文昊以外部性收益作为依据研究了畜禽养殖场沼气工程补贴模式。这是因为养殖场沼气工程能否良好运转取决于其经济效益，只有在具有一定经济效益的前提之下，沼气工程才可能持续正常运转。在养殖场沼气工程经济效益的界定方面，除了沼气用于发电、用作燃料或者出售、沼渣出售或者用作肥料等经济收益以外，沼液节约化肥农药的费用以及发电机余热回收后用于日常生活所节约的能量也应作为沼气工程的经济收益来源。在对沼气工程经济效益的评价方面，财务净现值分析法（NPV）已有了一些应用。学者从不同角度对养殖场沼气工程经济效益进行了分析，还研究了加入CDM项目的可行性。

（三）生猪规模养殖沼气、沼渣、沼液治理现状

生猪规模养殖企业沼气工程的发酵产物为沼气、沼渣、沼液。沼气、沼渣、沼液均是具有一定污染性的物质，沼气属于温室气体，直接排放会加重温室效应；沼液沼渣均含有重金属元素，以及氮、磷等离子，直接排放易造成水土污染。因此，如若处理不当，将会带来二次污染。为了解决沼气、沼渣、沼液的二次污染问题，学者进行了广泛的研究。

沼气，学名甲烷（化学式为CH_4），燃烧后会产生二氧化碳和水，是一种清洁能源，可用作养殖场生活生活燃料，还可用于发电，满足养殖场电力需求。随着目前沼气工程生产效率的提升，沼气产量日益增大，部分养殖场存在沼气剩余的现象，造成了空气污染，主要有两类情况：一是养殖场未配置气体发电机组，沼气主要作为生产生活燃料使用，由于夏季燃料需求量低，导致沼气大量剩余；二是养殖场虽然配备了气体发电机组进行沼气发电，但是沼气在满足养殖场用电后仍存在剩余。为了解决这一问题，政府推行了生物质能源发电上网及扶植政策，通过将养殖场剩余沼气发电上网，不仅消除了沼气污染还节约了能源，与此同时养殖场获得了直接经济收益。“沼气+政府+发电上网”这一沼气合作开发模式已为解决沼气空气污染提供了良好途径。

沼渣是猪粪尿经沼气工程发酵后产物中的半固体物质，富含氮、磷等离子，是制作固体有机肥的优良原料。沼渣中也含有重金属元素，重金属元素一旦进入土地和水源中，在自然状态下极难被去除，从而造成重金属污染。因此，如果直接施肥使用可能会对水土造成重金属污染。为了解决重金属污染问题以及沼渣资源的最大化利用，国务院已明确有机肥补贴优惠政策，鼓励有机肥的生产和使用，再加上固体有机肥市场价格高，需求量较大，使用也较为方便，沼渣的合作开发具有良好的前景。由此可见，“沼渣+政府+固态有机肥”这一沼渣合作开发模式已为解决沼渣重金属污染提供了良好解决途径。

沼液为猪粪尿发酵产物中的液态物质，主要包含氮、磷、氨等离子以及铜离子等重金属元素。氮、磷、氨离子是速效有机肥的主要成分。具有生物肥料和生物农药双重作用，合理的使用沼液不但可以使农作物增产，改善土壤环境，还能减少农业对化肥的依赖，促进生态良性循环，

但是某些养殖场的下游为农户的水稻田，吸纳沼液量低，导致沼液无法被完全吸纳，进而造成土地和水源的富营养化污染。沼液的处置方式与技术目前主要有4种，分别为：低成本的资源性利用、低成本的自然生态净化、高成本的工厂化处理和高附加值的开发性处理。低成本的资源性利用主要是指粗放型地将沼液当作液体肥料进行利用，例如种养结合模式，优点是处理成本低，适用性强，但是沼液在使用过程中也存在一些问题，例如大中型养殖场沼气工程附近的农田消纳能力不足，沼液长距离运输成本高昂，此外对于用地较为紧张的养殖场，“种养”结合循环养殖模式也存在一定的局限性，沼液直接施肥的安全性仍存在争议，使用不如固态肥方便等问题，又使得种植企业使用沼液的意愿较低。沼液产量巨大，其储存和运输成本过高。低成本的自然生态净化主要是指利用氧化塘及土地处理系统或人工湿地里植物及微生物来净化沼液中的污染物，优点是处理成本低，处理量大，缺点是冬季处理效果差，适用性不强。高成本的工厂化处理主要是指利用人工构筑设施，采取高能耗的强化措施，降解沼液中的有机物、脱氮除磷，从而达标排放，优点是处理能力稳定，处理量大，适用性强，缺点是成本过高，养殖场难以负担。高附加值的开发性处理是将达标处理与资源利用耦合，通过工程技术措施，回收一定资源，获得高附加值的经济效益，当前价值成分回收技术、微生物技术等技术的进步，使得高附加值的开发性处理成为可能，例如将沼液严格按照有机肥标准加工成液体有机肥向市场销售、将沼液调配后用于培养微生物获取高回报等途径。然而，沼液产量巨大，由于猪舍冲栏水也进入发酵池发酵，导致沼液产量大而且氮、磷、氨离子浓度（mol/L）低，大大降低了沼液的肥效，此外，由于沼液储存和运输成本高，大大降低了沼液有机肥的经济性，进一步降低了沼液的经济价值，制约了沼液商业化生产的发展。国内外学者对于企业环境行为进行了多方面的研究，取得了丰富的成果，针对生猪养殖污染的研究也具有一定的特色与指导性，为本书生猪规模养殖企业环境行为的研究起到了非常好的借鉴意义。但是，从研究文献来看，当前的研究仍存在需要改进的地方。

（1）缺乏如何对环境税率动态调整下企业排放行为的研究，从治污成本的角度调整环境税率，从理论上来看是最优的调整方式，然而企业的边际减排成本往往是其私有信息，政府难以获知，根据企业边际减排成本的变化来调整最优环境税率在实践中极为困难。通过企业的排放水平来进行下阶段的税率调整，具有一定的可行性，但是没有考虑当地政府监测行为的影响。当地政府是征收环境税的执行者，环境税是否能真正改变企业环境行为还要考虑当地政府的执行效果。依据经济发展水平对环境税率进行动态调整这一观点具有一定的认可度，但对于如何调整难以定量研究。

（2）当前虽然针对排污企业排污行为监管问题的研究已颇为丰富，但考虑到偷排这一行为的研究还不够充分，此外，从排污的角度来看，可以将规模养殖企业分为有排污口和没有排污口两种养殖企业，针对这两种养殖企业的监管，需进一步探讨。

（3）从当前的研究来看，规模养殖场运用沼气工程处理猪粪尿、开发沼渣有机肥，已经取得了一定的研究成果。然而，当前普遍存在的猪粪尿和沼液外排导致污染的问题表明，沼气工程对于猪粪尿的治理效果并不完善，沼液的处理途径也还需要进一步探究。

第二节　相关理论简介

一、博弈理论

博弈论（Game Theory），又称对策论、赛局理论等，既是现代数学的一个新分支，也是运筹学的一门重要学科，是研究决策主体的行为发生直接相互作用时的决策及这种决策的均衡问题，也就是当一个参与主体的选择受到其他参与主体选择的影响，而且反过来影响其他参与主体选择时的决策问题和均衡问题。根据博弈的时间或参与主体的决策次序，可以将博弈分为静态博弈和动态博弈。在静态博弈中，参与主体同时决策或虽不同时决策但后决策者并不知道先决策者采取什么策略。在动态博弈中，决策有先后次序，后决策者可以通过观察先决策者的决策获得有关对方偏好、战略空间等方面的信息，进而修正自己的判断。它以参与主体完全理性为前提假设。按照参与人对其他参与人的了解程度分为完全信息博弈和不完全信息博弈。完全博弈是指在博弈过程中，每一位参与人对其他参与人的特征、策略空间及收益函数有准确的信息。不完全信息博弈是指如果参与人对其他参与人的特征、策略空间及收益函数信息了解的不够准确，或者不是对所有参与人的特征、策略空间及收益函数都有准确的信息，在这种情况下进行的博弈就是不完全信息博弈。博弈论发展过程中的重要里程碑是John Forbes Nash引入的非合作博弈策略均衡。在该博弈中，均衡的状态是指没有任何参与主体受到单方面激励偏离这个选择而转向其他策略，即在纳什均衡下形成基于对方的最优策略。纳什均衡及其之后的改进构成了博弈的解，即在给定的非合作决策的情况下仍可以得出最好的预测结果。

演化博弈理论（Evolutionary game theory）源自生物进化论，是经典博弈范式趋向有限理性的发展。在传统博弈理论中，常常假定参与人是完全理性的，且参与人在完全信息条件下进行的，但在现实的经济生活中的参与人来讲，参与人的完全理性与完全信息的条件是很难实现的。在企业的合作竞争中，参与人之间是有差别的，经济环境与博弈问题本身的复杂性所导致的信息不完全和参与人的有限理性问题是显而易见的。演化博弈理论具有如下特征：它的研究对象是随着时间变化的某一群体，理论探索的目的是为了理解群体演化的动态过程并解释说明群体为何达到该状态以及如何达到。群体变化的影响因素既具有一定的随机性和扰动性，又有通过演化过程中的选择机制而呈现出的规律性。当整个组群的所有成员都采取这个策略，在自然选择作用之下，不会存在一种突变的策略来侵犯该组群，那么该过程符合演化策略稳定性（ESS）要求。

演化博弈以参与主体有限理性为前提假设，与经典博弈理论在理性假设、分析方法和均衡概念等方面都存在较大差异，但两者之间也存在密切关系。一方面，演化博弈论是以经典博弈论为基础，而且在演化博弈中分析参与主体的策略仍需用经典博弈分析方法。另一方面，经典博弈的纳什均衡都是演化博弈的稳定状态点，其中对有限理性有稳健性的一部分即是演化稳定策略。经典博弈论中的支付函数，须在演化博弈论中将其转化为适应度函数。适应度用来描述生物学中基因的繁殖能力，它是生物演化理论中的核心概念。在演化博弈模型中，某种策略的适应度是指在博弈过程中采用该策略的参与主体数量在每期博弈后的增长率。此外，演化稳定策略也是对纳什均衡的一种选择精炼，演化博弈论对于提高完全理性经典博弈分析的可靠性、易懂性、价值都有重要意义，是对完全理性经典博弈分析的一种支持。

二、系统动力学理论

系统动力学（System dynamics，SD）理论于20世纪50年代由Jay W. Forrester教授提出，是一种以反馈控制理论为基础，将系统科学理论与计算机仿真二者紧密结合、研究系统反馈结构及行为的一门科学，是系统科学的一个重要分支，被誉为“战略与决策实验室”。系统动力学运用“凡系统必有结构，系统结构决定系统功能”的系统科学思想，根据系统内部组成要素互为因果的反馈特点，从系统的内部结构来寻找问题发生的根源，而不是用外部的干扰或随机事件来说明系统的行为性质。系统动力学将定性与定量分析有机的结合起来，通过结构—功能分析，研究复杂系统内部结构和反馈机制，依据一定规制建立因果链、反馈环，从而构建系统动力学流图，利用计算机技术对系统发展趋势进行仿真分析，寻求解决系统复杂问题的方案。近年来系统动力学方法的应用日益广泛，在城市交通、能源、环境等多个领域都已发挥了重要作用。

（一）系统动力学基本概念

系统动力学方法的基本概念主要包括流位（Level Variable）、流率（Rate Variable）、辅助变量（Auxiliary Variable）、决策函数、常量（Constant）、因果链、反馈环等。流位又称为状态变量或水平变量，具有累积效应，一般用符号$L(t)$表示，用于反映系统内物质流或信息流对时间的积累。流率又称为速率变量或决策变量，即流位在单位时间内的变化量，用于描述系统累积效应的变化快慢，一般用$R(t)$表示。辅助变量，即流位和流率之间信息传递和转换过程的中间变量，用于构建流位和流率之间的局部结构，从而与相关常量共同构成系统的“控制策略”。常量，即不受系统内部变化影响的固定的参数。决策函数，又称为流率方程式或仿真方程。流位通过辅助变量、在决策函数的作用下，控制流率的变化。

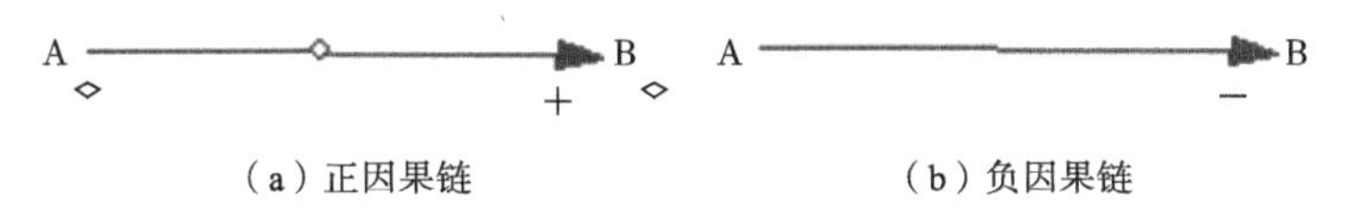

（a）正因果链　　　　（b）负因果链

图2-1 A、B变量间因果关系图

图2-1表示A、B两个变量间的因果关系，A是自变量，B是因变量，B受到A变化的影响而变化。A、B与连接两个变量的有向线段共同构成了因果关系链。图2-1（a）中A和B同向变动（同增同减）称为正因果链；图2-1（b）中A和B异向变动（一增一减）称为负因果链。由两条以上的因果链首尾相连构成环状，则称为反馈环。反馈环的极性（即正负性）为反馈环内因果链极性的乘积，由奇数个负因果链串联构成的反馈环称为负反馈环，由偶数个负因果链串联构成的反馈环称为正反馈环。如图2-2所示。

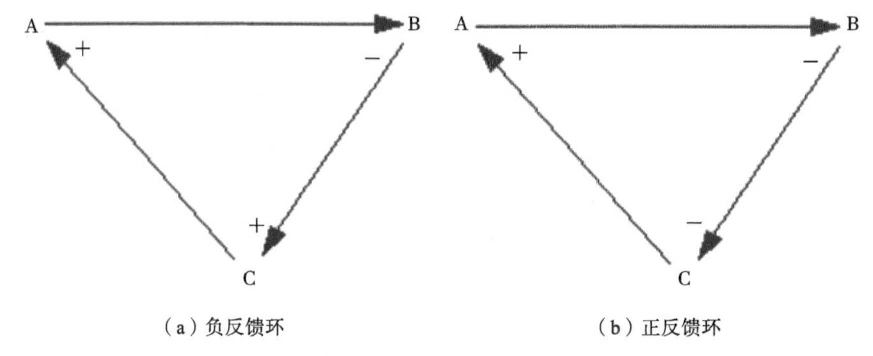

（a）负反馈环　　（b）正反馈环

图2-2　正、负反馈环

（二）流率基本入树建模法概念

流率基本入树建模法主要概念如下。

定义1：以流率为树根，以流位、流率，或不进反馈环的环境变量、参数为树尾，枝中间不含流位变量，且每个树尾流率可通过树模型中的变量代换，实现通过辅助变量依赖于流位变量，此种入树$T(t)$称为流率基本入树。流率入树$T(t)$中含流位的个数称为入树的阶数。从树尾沿一枝至根含流位的个数称为这枝的枝阶长度。全流率入数最大枝阶长度称为该入树的阶长度。

定义2：n棵流率基本入树$T_1(t)$、$T_2(t)$、…、$T_n(t)$组成的模型，称为n阶流率基本入树模型。

建立流率基本入树模型的步骤

步骤1：通过科学理论、数据、经验和专家判断力四结合进行系统分析，建立研究系统的流位流率系：{[L_1（t），R_1（t）]，[L_2（t），R_2（t）]，…，[L_n（t），R_n（t）]}。

步骤2：紧密结合实际，分别建立R_i（t）（i=1，2，…，n）依赖L_i（t）（i=1，2，…，n），R_k（t）（k∈1，2，…，n，$k≠i$）及环境变量的因果链二部分图。

步骤3：通过逐枝法，或逐层分别建立以R_i（t）（i=1，2，…，n）为根，R_i（t）依赖的流位变量L_i（t）、其他流率变量R_k（t）及环境变量每颗流率基本入树。

步骤4：同时逐树建立仿真方程，并通过后流位流率设调控参数，前调控参数恢复原对位流位、流率的方法，逐步进行仿真，建立整体仿真方程。

（三）极小反馈基模生成集法

1. 反馈环基模的相关概念

定义3：系统结构中，由反馈环（含延迟）构成的有典型意义的连通子结构称为此系统的反馈环基模。

定义4：不能由其他反馈环基模经嵌运算生成的反馈环基模称为极小反馈环基模。

反馈环中含流位的个数称为此反馈环的阶。基模G_{ij}（t）中，阶数最大的反馈环的阶数称为此G_{ij}（t）的阶数，记为r［G_{ij}（t）］。

定义5：系统极小反馈环基模的集合

$$A(t)=\{G_{11}(t),\ G_{12}(t),\ \cdots,\ G_{ii}(t),\ G_{12}(t),\ G_{13}(t),\ \cdots,\ G_{st}(t),\ \cdots,\ G_{ii}\cdots,\ n(t)\}$$

称为本系统的反馈环基模生成集（或称反馈环基模基础解集）。

2. 入树生成极小反馈环基模的充要条件

命题1：已知流率基本入树T_i（t），T_j（t），作$G_{ij}(t)=T_i(t)\vec{\cup}T_j(t)$，则$G_{ij}$（$t$）产生新增反馈环基膜的充要条件是：$T_j$（$t$）入树树尾中含流位$L_i$（$t$），$T_i$（$t$）入树树尾中含流位$L_j$（$t$），且$L_i$（$t$）、$L_j$（$t$）对应两变量不同。

命题2：已知极小反馈环基模 $G_{ij}(t)=T_i(t)\vec{\cup}T_j(t)$ 和入树 T_k（t），作 $G_{ijk}(t)=G_{ij}(t)\vec{\cup}T_k(t)$，则 G_{ijk}（t）新增生成极小反馈基模充分条件是：

①入树 T_k（t）的树尾中，至少含 T_i（t）、T_j（t）一个流位。

② G_{ij}（t）中含流位 L_k（t）。

③取定的 L_i（t）或 L_j（t）与 L_k（t）对应枝变量不同。

生成新基模充分条件：

步骤1：构造流位流率系、外生变量与调控变量。

步骤2：构造流率基本入树模型。

步骤3：构造反馈环基模生成集。对流率基本入树模型 T_1（t）、T_2（t）、…、T_n（t），与自身作嵌运算 $G_{ij}(t)=T_i(t)\vec{\cup}T_j(t)$。

（1）求一阶极小反馈环基模。设经过此步骤后，得到一阶极小反馈环基模与不能生成一阶极小反馈环基模的入树的集合为：

$$A_1(t)=\{G_{11}(t),\ G_{12}(t),\ \cdots,\ G_{ii}(t),\ T_{i+1}(t),\ T_{i+2}(t),\ T_n(t)\}$$

（2）求二阶极小反馈环基模。

$G_{ij}(t)\vec{\cup}T_i(t)$ 及 $T_i(t)\vec{\cup}T_k(t)$，$k=j+1,j+2,\ \cdots,\ n$，求出全体二阶极小反馈环基模。

（3）求三阶极小反馈环基模。

对未进入二阶极小反馈环基模的入树 $T_r(t)(r=t+1,\cdots,n)$，与二阶极小反馈环基模作嵌运算，求出全体三阶极小反馈环基模。

依此类推，经过k次运算，得全体极小反馈环基模集：

$$A_k(t)=\{G_{11}(t),\ G_{22}(t),\ \cdots,\ G_{ii}(t),\ G_{12}(t),\ G_{13}(t),\ \cdots,\ G_{jt}(t),\ \cdots,\ G_{jj}(t),\ \cdots,\ n(t)\}$$

此 $A_k(t)$ 极小反馈环基模集为反馈环基模生成集。

步骤4：极小反馈环基模反馈分析。

①极小反馈环基模分类。

②由反馈环基模生成集构建具有实际意义的增长反馈环基模。

③由反馈环基模的反馈分析生成促进系统发展的管理对策。

第三章　生猪规模养殖环境效率及资源环境承载力评价

3

改革开放以来，我国农业取得了举世瞩目的成就，粮食产量实现了历史性的十二年连增，农业物质技术装备也得到了显著改善……这些巨大的进步，都与农业技术的飞速发展密不可分，自20世纪80年代中期之后成了促进农业发展的主要因素。目前，我国农业科技创新体系从中央到地方层级架构完整，机构数量、人员规模、产业和学科覆盖面均为全球之最。在科研体系建设方面，在中华人民共和国成立前的北京、淮安、保定、济南等几个农业试验场的基础上，迅速建立了中央、省、地三级农业科研机构系统。改革开放迎来了科学技术事业发展的春天，政策环境、制度环境和投入支持环境得到了较大改善。目前，我国地市级以上农业科研机构的数量达到了1 035个。在技术推广体系建设方面，农业技术推广体系先后经历了艰难的创建期、市场和体制改革双重冲击下“线断人散网破”阵痛期和新时代“一主多元”的融合发展期。各级农技推广机构认真履行先进实用技术推广、动植物疫病及农业灾害的监测预报和防控等职责，为农业农村持续稳定发展做出了重大贡献。在教育培训体系建设上，我国农民教育培训体系先后经历了农民业余学校、识字运动委员会、干部学校、“五七大学”、各级农业广播电视学校和“一主多元”的现代新型职业农民教育培训体系，在提高农民科学生产、文明生活和创新经营的科学文化素质方面，起到了积极的促进作用。在农业科研基础条件建设方面，先后出台了一系列的科研条件能力建设规划，配备了一大批科学仪器设备，实施了科研单位的房屋修缮、基础设施改善、仪器设备购置及升级改造，大大改善了各级农业科研机构科技基础条件。在科学与工程研究类平台方面，建设了农作物基因资源与基因改良国家重大科学工程、国家动物疾病防控高等级生物安全实验室等一大批国家重大科技基础设施，以及国家实验室、国家重点实验室和部省级农业重点实验室，拥有了一批农业领域的“国之重器”。在技术创新与成果转化类平台建设方面，围绕产业共性关键技术和工程化技术、重大装备及产品研发等，建成了一批国家工程实验室、国家工程技术研究中心、国家农作物改良中心（分中心），加速了农业科技成果转化和产业化。在基础支撑与条件保障类平台建设方面，围绕农业科技基础性长期性工作，建成了一批国家野外观测研究站、农业部野外观测试验站、国家农作物种质资源库（圃）和国家农业科学数据中心，夯实了农业科学技术研究基础。

然而，与我国农业技术飞速发展形成鲜明对比的是我国的农业污染，具有位置、途径、数量不确定，随机性大，发布范围广，防治难度大等特点。主要来源有两个方面：一是农村居民生活废物，二是农村农作物生产废物，包括农业生产过程中不合理使用而流失的农药、化肥、残留在农田中的农用薄膜和处置不当的农业畜禽粪便、恶臭气体以及不科学的水产养殖等产生的水体污染物。近年来，在畜牧业规模养殖迅速崛起的同时，牲畜粪便造成的农业污染也呈现出加重的趋势。许多大中型畜禽养殖场缺乏处理能力，将粪便倒入河流或随意堆放。这些粪便进入水体或渗入浅层地下水后，大量消耗氧气，使水中的其他微生物无法存活，从而产生严重的“有机污染”。2010年，国务院公布的面源污染普查报告表明农业已超越了工业和城市生活污染，成为中国第一大面源污染源，中共中央一号文件已在2015—2017年连续3年强调农业污染问题，党的十九大明确提出要加强农业面源污染防治，这都表明了我国农业环境水平的严峻性与重要性。农业技术进步和农业环境水平对我国农业的可持续发展都具有重要意义。

生猪养殖业作为农业的重要组成部分，能够为社会提供稳定的肉类来源，还可以活跃农村经济，与个人、社会的利益都息息相关。如今，我国处于新农村建设的重要时期，生猪养殖理应在新农村建设中发挥更重要的作用。然而，生猪养殖业的发展需要消耗一定的社会资源、自然资源，同时还会产生污染性物质，对环境产生压力，这都可能对我国生猪养殖业的可持续发展产生一定的制约效应。本章首先测算了农业技术进步和农业环境水平的耦合关系，从整体上分析我国农业技术和农业环境水平的发展趋势，其次分析了我国生猪规模养殖基本情况以及区域污染情况，最后测算了我国生猪规模养殖的环境效率和资源环境承载力水平。

第一节　农业技术进步——环境水平时空耦合关系分析

技术进步和环境之间存在复杂的相互作用关系。技术进步对环境的影响，学者主要有3种观点：①技术进步对环境具有负面影响，姚西龙、申萌等对我国技术进步和碳排放之间的关系进行了研究，认为技术进步在一定程度上会对减排造成抑制作用，其中东部地区的技术进步对其碳减排的抑制作用最大；②技术进步对环境具有积极影响，可以降低污染物的排放量，同时在政府一系列的环境政策作用下，企业将加快减排技术的推广应用，从而遏制污染物排放上升的势头；③技术对环境的正负影响共存，随着发展阶段的不同体现出不同的影响，这是由于技术的异质性导致的，即一部分技术有利于环境的改善，另一部分则不利于环境发展。刘广亮认为当经济发展水平较低时，经济发展主要以粗放型技术为主，导致技术进步的“清洁度”较低，当经济发展水平较高时，技术进步中的环保技术比重会提高。孙军等认为在引入一项新技术的开始阶段，由于更偏重于以牺牲环境和资源的方式发展生产型技术，从而破坏了生态环境，并且在一个新技术使用的初始阶段，新技术带来的污染的外部性不能立即被发现，而随着经济的发展，生产技术将会向着清洁和高利用率的方向进步，减少生产活动对环境的负面影响，为人类提供更好的生态环境和生存方式。白俊红认为技术进步虽然对环境污染具有改善作用，但也是环境污染的重要成因，提出并验证了我国技术进步对环境污染呈现先增大后减小的影响趋势，技术进步对环境污染的影响存在着明显的倒“U”形特征。关于环境对技术进步的影响，从现有文献来看，主要是通过政府规制以及市场导向体现。一方面，由于当前环境水平的大幅下降，可持续发展问题已经迫在眉睫，环境规制政策越来越严格，在静态的条件下，高环境规制力度会增加企业费用，降低企业的创新能力，但是从中长期来看，是存在促进效应的。崔立志还从直接和间接效应两个角度研究了环境规制对技术进步的影响，东部、中部和西部地区的间接效应比较显著，其中东部与西部地区环境规制水平提高有利于FDI技术效应溢出，从而促进技术进步，而中部地区的间接效应抑制了技术进步。另一方面，政府通过对绿色产品以及清洁技术研发等的补贴，扶持清洁型生产技术发展，另外，由于当前公众的环保意识越来越高，更加偏向于环境友好型产品，从而迫使生产者采取积极的环境行为，建立绿色竞争优势。

我国农业技术和农业环境之间的关系主要表现为制约和胁迫两种效应。制约效应是指环境水平对技术进步的限制性，在我国严格管控农业污染的背景下，某一地区所选择的农业技术类型都必须与自身的环境水平相适应；胁迫效应是指技术进步会导致环境水平变化。农业技术主要通过改变农业生产方式、生产要素间的替代、实行新的管理方式以及研发环境友好型技术来影响农业面源污染物的排放量，进而影响农业环境水平，一部分农业技术通过硬技术直接改善环境，并通过软技术优化农业增长方式以及产业结构间接改善环境，另一部分虽然促进了农业发展，但也造成了巨大的面源污染。由此可见，我国农业技术进步和农业环境相互制约相互促进，存在密切的互动关系。现有文献主要集中于技术进步对环境或环境对技术进步的单方面影响的研究，缺少针对技术进步和环境水平相互关系协调度的探讨。基于此，本节运用耦合协调度模型，分析我国农业技术进步和农业环境水平协调度的时空差异性，从而为协调农业技术和农业环境发展的对策与措施提供科学依据。

一、研究方法与指标体系构建

（一）研究方法

农业技术进步和农业环境水平之间存在着某种耦合关系。在研究两个系统耦合关系之前，需确定各个指标的权重；在研究两系统之间的耦合关系时，耦合协调模型应用广泛。耦合协调模型一般由功效函数、耦合度函数和耦合协调度函数构成。

1. 熵权法

信息熵由Shannon于1948年引入信息论中，表示信息源中信号的不确定性。按照信息论基本原理的解释，信息是系统有序程度的一个度量，根据信息熵的定义，对于某项指标可以用熵值来判断某个指标的离散程度。信息论中的熵用于度量系统的无序程度，也能用来度量数据携带有效信息的量，因此熵可以用来确定权重值。例如，评价对象在某一个评价指标上的值的差距较大，熵值就会较小，意味着该评价指标携带了较大的有效信息量，权重值也就较大；反之熵值则较大；如果评价对象在某一个评价指标上的值完全一样，熵值也就最大，意味着该评价指标没有携带任何有效信息，可以将其去除。在具体应用中，可以根据每个评价指标值的差异化程度，利用熵计算出每一个评价指标的熵权，再用每一个评价指标的熵权对所有的评价指标进行加权，得到比较客观的评价结果，熵权法是客观确定权重的方法，相较于层次分析方法等主观法而言具有一定的精确性，同时，该方法确定出大的权重可以进行修正，从而决定了其适应性较高的特点。

熵权法确定指标权重步骤如下。

（1）指标数据的无量纲化处理。

设变量μ_i（i=1，2，3，…，n）为“农业技术进步—环境水平”的系统序参量。f_{ij}为第i个序参量的第j个指标，其值为X_{ij}，则每个指标对该系统有序的功效系数u_{ij}可表示为

$$u_{ij}=\begin{cases}(X_{ij}-\alpha_{ij})/(\alpha_{ij}-\beta_{ij}), f_{ij} \text{ 具有正效应}\\(\alpha_{ij}-X_{ij})/(\alpha_{ij}-\beta_{ij}), f_{ij} \text{ 具有负效应}\end{cases}$$

其中，μ_{ij}为指标f_{ij}对系统的功效贡献大小，α_{ij}、β_{ij}为系统稳定临界点上各个序参量的最大值、最小值。

（2）计算指标的信息熵权重。

$$\omega_j=(1-e_j)/(n-\sum^{n}e_j)$$

式中：ω_j为第j项指标的权重系数，其中，$e_j=-\sum^{m}p_{ij}\ln p_{ij}/\ln m$，$p_{ij}=\mu_{ij}\Big/\sum^{m}\mu_{ij}$。

2. 协调度函数

农业技术进步和环境水平是不同又相互关联的两个子系统，各子系统内各序参量的指标对系统有序程度的综合贡献可通过集成方法实现。

$$\mu_i = \sum_{j=1}^{n} \lambda_{ij} \mu_{ij}, \sum_{j=1}^{n} \lambda_{ij} = 1$$

其中，μ_{ij}为各子系统对总系统有序度的贡献，λ_{ij}为各功效系数的权重。本书采用熵权法确定各系统中指标的权重。

3. 耦合度函数

耦合度函数用于分析各系统间的耦合关系的强弱，是反映系统间相互依赖的影响程度。借鉴任志远的研究成果，本书将包含农业技术进步（μ_{ij}）和农业环境水平（μ_{ij}）子系统的耦合度函数定义为如下形式：

$$C = 2\left\{(\mu_1 \times \mu_2)/(\mu_1 + \mu_2)^2\right\}^{1/2}$$

耦合度值在区间［0，1］内取值。C=0表示两个系统之间处于无关状态，在这里表示农业技术进步与农业环境水平之间不存在耦合关系，C=1表示耦合度极大，两个系统实现了良性耦合，表示农业技术进步与农业环境水平达到良性耦合，借鉴文献研究成果，将耦合度分为4个层次（表3-1）。

当$0<C\leqslant0.3$时，农业技术进步与环境水平间存在低水平的耦合关系；当$0.3<C\leqslant0.5$时，农业技术进步与环境水平间处于颉颃阶段（指两者之间相互抗衡，不相上下）；当$0.5<C\leqslant0.8$时，两者处于磨合阶段；当$0.8<C\leqslant1$时，农业技术进步与环境水平间处于高水平耦合阶段。

4. 耦合协调函数

耦合度函数用于分析农业技术进步系统和环境水平系统之间的相互作用关系的强弱，并不能探讨两系统交互耦合的协调程度，也无法度量系统自身协同发展的整体功效。为克服耦合度函数的某些缺陷，真实反映农业技术进步与环境水平之间的实际情况，因此，在借鉴相关研究基础上构建了如下耦合协调度函数：

$$D = \sqrt{C \times T}$$

其中，D表示协调度；$T=\alpha\mu_1+\beta\mu_2$，代表两系统间的综合协调指数，体现了两系统在何种水平上的协调，本书认为农业技术进步和环境水平的贡献量是相同的，故取$\alpha=\beta=0.5$。相似的，将耦合协调度分为4个层次（表3-1）。

当$0<D\leqslant0.3$时，农业技术进步与环境水平属于低度耦合协调；当$0.3<D\leqslant0.5$时，农业技术进步与环境水平属于中度耦合协调；当$0.5<D\leqslant0.8$时，农业技术进步与环境水平属于高度耦合协调；当$0.8<D\leqslant1$时，农业技术进步与环境水平属于极度耦合协调。

表3-1　耦合度与耦合协调度判别标准及类型

项目	取值范围	所处阶段
耦合度值C	$0<C\leqslant0.3$	低水平耦合阶段
	$0.3<C\leqslant0.5$	颉颃阶段
	$0.5<C\leqslant0.8$	磨合阶段
	$0.8<C\leqslant1$	高水平耦合阶段
耦合协调度值D	$0<D\leqslant0.3$	低度耦合协调
	$0.3<D\leqslant0.5$	中度耦合协调
	$0.5<D\leqslant0.8$	高度耦合协调
	$0.8<D\leqslant1$	极度耦合协调

（二）指标选取与数据来源

由理论分析可知，农业技术进步与环境水平间存在一定的耦合关系。构建合理的评价指标体系是正确衡量农业技术进步系统和环境水平系统之间耦合度与耦合协调度水平的基础。农业技术进步是指除劳动力、土地、资本投入之外的使农业经济增长的因素的总和，包括农业劳动者素质的提高、管理科学决策的科学化、生产条件的改善、资源的规模节约等方面。在农业技术进步的表征方面，林毅夫认为灌溉面积、机耕面积、农村用电量等是农业技术进步的指标；魏金义将成灾面积占受灾面积比重、农业机械总动力作为农业技术进步的指标；罗小锋将劳动生产率、资本生产率、农业电力化程度等作为农业技术进步的指标。专利是技术进步的重要表征，因此，专利授权数量也应是农业技术进步的体现。

我国农业普遍存在化肥、农药的过度施用造成土壤、水体污染以及对废弃农膜处理不当造成白色污染等现象，可以将农用化肥施用量、农膜施用量、农药施用量作为农业环境水平的评价指标。农业面源污染不仅来源于种植业，还来源于养殖业，因此农业化学需氧量（COD）排放量也应作为评价指标。另外，各地区县级政府都设立了乡镇环保机构加强对农业环境的管理，故本书将乡镇环保机构人数也纳入了环境水平评价指标体系中。

在参考相关研究成果的基础上，根据可比性、可操作性、数据的可获得性等原则，本节选取农业机械化程度、耕地有效灌溉率、农业电力化程度、资本生产率、劳动生产率、成灾面积占受灾面积比重、农业专利授权量作为技术进步的评价指标，将化肥施用强度、农药施用强度、农膜施用强度、农业化学需氧量排放强度、单位耕地面积乡镇环保机构人数作为环境水平评价指标，指标及权重见表3-2。

本书的研究时间为2000—2015年。农业机械总动力、农村用电量、农林牧渔总产值、受灾面积、化肥、农药、农膜施用量等数据来源于《中国农村统计年鉴》，耕地面积数据来源于国土资源公报及各地区统计年鉴，农业从业人数数据来源于《中国统计年鉴》及各地区统计年鉴；乡镇环保机构人员数量及2011年及以后的农业化学需氧量排放量来源于《中国环境年鉴》，2000—2009年农业化学需氧量排放数据来源于文献，2010年农业化学需氧量排放量采用插值法获得。农业专利授权量通过对《中国专利数据库》相关数据按照专利公开日及农、林、牧、渔大类（专利分类号：A01）全国及各地区专利授权量统计而来。

表3-2　农业技术进步与农业环境水平评价指标体系及权重

子系统	评价指标	单位	性质	权重
农业技术进步子系统	农业机械化程度	kW/hm^2	正效应	0.163 8
	耕地有效灌溉率	%	正效应	0.099 2
	农业电力化程度	kW/hm^2	正效应	0.154 2
	资本生产率	%	正效应	0.055 0

（续表）

子系统	评价指标	单位	性质	权重
	劳动生产率	%	正效应	0.200 1
	成灾占受灾面积比重	%	负效应	0.104 6
	农业专利授权量	件	正效应	0.223 1
农业环境水平子系统	化肥施用强度	t/hm^2	负效应	0.206 4
	农药施用强度	t/hm^2	负效应	0.308 0
	农膜施用强度	t/hm^2	负效应	0.164 1
	化学需氧量排放强度	kg/hm^2	负效应	0.102 8
	单位耕地面积乡镇环保人员数	人$/hm^2$	正效应	0.218 8

二、评价分析

本节构建了农业技术进步和农业环境水平耦合评价指标体系并搜集了各相关数据，测算了2000—2015年我国农业技术进步和农业环境水平的耦合度与耦合协调度（图3-1），并以2011年和2015年作为代表性年份，对我国各省（区、市）农业技术进步和环境水平的耦合度与耦合协调度进行对比分析（表3-3）。

（一）我国农业技术进步与农业环境水平耦合的时序演变

从图3-1可以看出，在2000—2008年，我国农业技术进步的序参量呈现阶梯式上升趋势，虽然在个别年份农业技术进步的序参量是下降的，但是整体趋势是上升的，在这一阶段，上升的速度较为缓慢，2009—2015年农业技术技术进步的序参量呈现持续性的快速发展趋势，上升速度相较于2000—2008年明显的提高。农业环境水平的序参量呈现出近似于“U”形变化态势：在2000—2009年，环境水平序参量持续降低，表明我国农业环境水平持续下降；在2009—2013年，环境水平序参量的变化很小，处于一个较为稳定的状态，在2012年达到了最低值；在2013—2015年，环境水平序参量开始增大，在2014—2015年快速上升，这表明我国农业环境状况得到了有效改善。

从两者的相互作用效应来看，在2000—2009年，农业技术进步和农业环境水平呈现了反向耦合的态势，农业技术进步序参量的波动式增长和环境水平序参量的下降表明，在此期间，农业技术进步对环境水平的胁迫效应显著，而环境水平对农业技术进步的制约效应体现不明显，这在一定程度上说明，2000—2009年，农业技术进步并未与环境水平的要求相适应，也即农业技术的进步并没有带来农业环境水平的提升，两者是相互背离的。在2013—2015年，农业技术进步和环境水平呈现了正向耦合态势，两者相互促进，共同提升，均出现了快速发展的态势，这在一定程度上表明，环境对农业技术进步的制约效应与农业技术进步对环境的胁迫效应均得到了良好的体现，我国农业环境水平已度过了最低点，进入了农业技术推动下的环境水平提升阶段；在2008—2013年，农业技术快速进步，而在2008—2009年环境水平序参量降低，2009—2013年并未发生明显波动，这主要是由于环境改善是一个极为缓慢的过程，并不能够见到立竿见影的效果，农业技术进步推动环境改善的效果的呈现具有一定的时间滞后性。

从耦合度来看，我国农业技术进步和农业环境水平在2000年处于颉颃阶段，在2001—2003年处于磨合阶段，在2004—2015年一直处于高水平耦合阶段，这表明我国农业技术进步和农业环境水平的相互作用关系越来越强，两者密不可分。从耦合协调度来看，在2000—2008年，耦合协调度一直处于波动状态，在中度耦合与高度耦合阶段之间持续转换，两者发展的协调性时好时差；在2009—2015年，耦合协调度持续增大，且始终处于高度协调阶段，这主要是由于我国近年来大力推行“养种结合”“生态农业”“有机肥制造”等农业绿色生产技术以及多种相关政策支持，使得农业技术越来越朝向符合环境要求的方向进步，而与此同时，农业环境在农业技术进步的推动作用下也逐渐得到改善，两者近年来实现了一定程度上的“绿色创新”的协调发展。生态、绿色农业就是在农业生产中保护、改善农业生态环境，遵循生态经济学、生态学的发展规律，以现代科学技术和管理思路来集中管理农业工作流程，进而提高农业的生产质量和生产经济效益。在农业生产中，为了适应社会现状和人民日益增长的美好生活需求，就必须对农业生产技术进行调整，只有在农业生产中采用先进的技术，才能有效的提高农产品的质量和改善生态环境。实践经验证明，广泛采用农业高新技术，建立科技含量高的农业，不仅能够大大提高土地生产率和农产品质量，有效地提高农业的可持续发展能力，而且对于改善不良的耕作制度，保护和抵御自然灾害，改良土壤，以及建立良性循环的生态环境都具有十分重要的作用。因此，农业技术进步是发展可持续农业，改善农业环境水平的一项必不可少的重要措施。

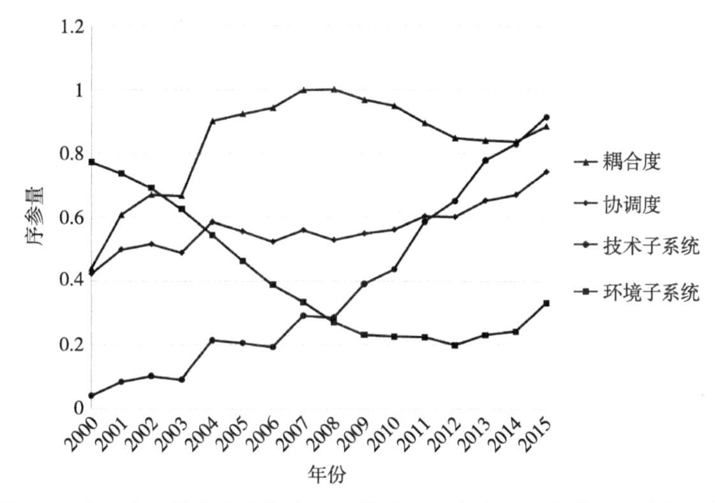

图3-1　我国农业技术进步与农业环境水平耦合度和耦合协调度变化趋势

（二）我国农业技术进步与农业环境水平耦合的空间差异分析

从表3-3可以看出，我国各地区的农业技术进步和农业环境水平的序参量有显著差异，这主要由于各地区农业资源禀赋、经济发展水平、环境容量不同，造成了各地区农业技术进步与环境水平发展水平高低不一。近5年来，在农业技术进步方面，除了北京、江西、青海、宁夏的序参量有所下降外，其他地区均有不同程度的提升。2011年农业技术进步序参量前五位分别是上海、北京、江苏、天津、浙江；2015年农业技术进步序参量前五位分别为江苏、浙江、天津、上海、山东。上海、北京、天津、江苏、浙江、山东6省区市不仅是我国的科技强省（区、市），也是经济大省（区、市），对农业技术进步提供了强有力的支持。此外，江苏、浙江、山东还是我国的农业大省，虽然经济发展相比于上海、北京、天津处于劣势，但是却拥有农业资源禀赋方面的巨大优势，促使农业技术的进步速度优于上海、北京、天津3市。从整体上来看，我国农业技术进步存在明显的区域性特征，东部地区农业技术较为发达，中部、西部以及东北部未有一个地区农业技术进步序参量超过0.4，落后于东部地区。在农业环境水平方面，相比于2011年，2015年北京、天津、辽宁等17个地区环境序参量有所提升，河北、内蒙古、吉林等14个地区环境序参量有不同程度的下降，这表明我国部分区域的农业环境水平发展趋势仍不容乐观。从整体上来看，我国农业环境水平也呈现明显的区域性特征，环境水平序参量超过0.62的地区分布在我国西南部、西部、华北以及东北部；而中部及东部地区农业环境水平序参量均不超过0.62，表明环境水平仍存在一定的落后，这与我国西南部、西部、华北以及东北部地区环境容量大有一定关系。

表3-3　各地区农业技术进步与环境水平耦合度值和耦合协调度值

地区	2015				2011			
	μ_1	μ_2	C	D	μ_1	μ_2	C	D
北京	0.418	0.472	0.998	0.444	0.431	0.391	0.999	0.411
天津	0.529	0.567	0.999	0.548	0.408	0.532	0.991	0.466
河北	0.395	0.608	0.977	0.490	0.358	0.622	0.963	0.472
山西	0.214	0.715	0.843	0.391	0.172	0.715	0.790	0.350
内蒙古	0.302	0.714	0.914	0.464	0.269	0.735	0.886	0.445
辽宁	0.305	0.615	0.941	0.433	0.267	0.605	0.922	0.402
吉林	0.318	0.670	0.935	0.462	0.240	0.692	0.874	0.407
黑龙江	0.364	0.733	0.942	0.517	0.259	0.738	0.877	0.437
上海	0.526	0.396	0.990	0.456	0.469	0.287	0.971	0.367
江苏	0.676	0.520	0.991	0.593	0.412	0.518	0.994	0.466
浙江	0.531	0.554	0.999	0.543	0.396	0.529	0.990	0.458
安徽	0.320	0.552	0.964	0.421	0.247	0.552	0.924	0.369

（续表）

地区	2015				2011			
	μ_1	μ_2	C	D	μ_1	μ_2	C	D
福建	0.327	0.303	0.999	0.314	0.263	0.281	0.999	0.272
江西	0.212	0.518	0.908	0.331	0.258	0.510	0.945	0.363
山东	0.509	0.497	0.999	0.503	0.355	0.478	0.989	0.412
河南	0.310	0.614	0.944	0.436	0.255	0.515	0.941	0.362
湖北	0.289	0.526	0.957	0.390	0.206	0.503	0.908	0.322
湖南	0.292	0.476	0.971	0.373	0.237	0.479	0.941	0.337
广东	0.313	0.393	0.994	0.351	0.285	0.341	0.996	0.312
广西	0.249	0.571	0.919	0.377	0.141	0.593	0.787	0.289
海南	0.256	0.362	0.985	0.304	0.215	0.357	0.967	0.277
重庆	0.189	0.868	0.762	0.402	0.154	0.655	0.784	0.317
四川	0.248	0.666	0.889	0.406	0.159	0.641	0.799	0.320
贵州	0.148	0.734	0.747	0.329	0.080	0.745	0.592	0.244
云南	0.155	0.659	0.785	0.320	0.126	0.686	0.724	0.294
西藏	0.264	0.770	0.872	0.451	0.234	0.780	0.842	0.427
陕西	0.233	0.641	0.884	0.387	0.190	0.656	0.834	0.353
甘肃	0.146	0.653	0.773	0.309	0.093	0.676	0.652	0.251
青海	0.171	0.737	0.781	0.355	0.221	0.749	0.839	0.407
宁夏	0.196	0.700	0.826	0.370	0.204	0.702	0.835	0.378
新疆	0.365	0.588	0.972	0.464	0.283	0.649	0.920	0.429

注：μ_1表示农业技术进步序参量；μ_2表示农业环境序参量；C表示耦合度；D表示协调度。

从表3-4可以看出，近5年来，我国各地区农业技术进步和农业环境水平耦合度与耦合协调度现状都有所提升。根据耦合度的判别依据，2011年，贵州处于颉颃阶段，重庆等6个地区处于磨合阶段，北京等其余

24个地区处于高水平耦合阶段；2015年，重庆等5个地区处于磨合阶段，北京等其余26个省份均处于高水平耦合阶段。这表明越来越多的地区认识到了农业技术进步与农业环境水平之间的相互制约相互促进的密切关系，从而更好地引导农业技术的进步与环境的改善。从耦合协调度来看，2011年，福建等6个地区处于低度耦合协调阶段，北京等其余26个地区处于中度耦合协调阶段，没有地区处于高度耦合协调阶段；2015年，北京等26个地区处于中度耦合协调阶段，天津等5个地区达到了高度耦合协调阶段，除江西、青海、宁夏三地耦合协调度有所下降外，其他28个地区耦合协调度均有提升，这表明我国多数地区农业技术进步与农业环境水平的协调发展水平有所提升，一定程度上形成了相互促进的局面。总而言之，当前我国多数地区农业技术进步和农业环境耦合度处于高水平耦合阶段，但是耦合协调度仍以中度耦合协调为主。

表3–4　各地区农业技术进步和环境水平耦合的空间差异

年份	耦合度			耦合协调度		
	颉颃	磨合阶段	高水平	低度耦合协调	中度耦合协调	高度耦合协调
2015	无	重庆、贵州、云南、甘肃、青海	北京等26个地区	无	北京等26个地区	天津、黑龙江、江苏、浙江、山东
2011	贵州	重庆、云南、甘肃、四川、山西、广西	北京等24个地区	福建、广西、海南、贵州、云南、甘肃	北京等25个地区	无

本节探讨了我国农业技术进步和农业环境水平的耦合关系，从整体和区域上分析了我国农业技术进步和农业环境水平之间的互动关系。对于规模养殖企业而言，也应重视技术进步在提升其环境水平上的重要作用。生猪规模养殖技术进步体现在多个方面，例如存栏期的缩短、用工时间的减少，环境水平的进步主要体现在污染物排放水平的降低。随后的章节在分析了规模养殖现状的基础上，对生猪规模养殖环境效率进行了分析和测算。

第二节　生猪规模养殖现状分析

一、全国生猪规模养殖现状

在分析生猪规模养殖现状之前，有必要先就养殖规模的划分标准进行说明。国家发改委价格司出版的《全国农产品成本收益资料汇编2016》中对生猪规模养殖的标准进行了划分，分为散养、小规模养殖、中规模养殖、大规模养殖，具体标准见表3-5。

表3-5　生猪规模养殖划分标准

品种	单位	分类数量标准（Q）			
		散养	小规模养殖	中规模养殖	大规模养殖
生猪	头	$Q\leqslant 30$	$30<Q\leqslant 100$	$100<Q\leqslant 1\,000$	$Q>1\,000$

生猪年出栏数不超过30头的养殖场（户）为散养，年出栏数大于30头不超过100头的养殖场（户）为小规模养殖，年出栏数大于100头不超过1 000头的养殖场（户）为中等规模养殖，年出栏数大于1 000头的养殖场（户）为大规模养殖。《中国畜牧兽医年鉴》表述生猪规模养殖现状时均是以年出栏数作为规模养殖划分标准，例如，《中国畜牧兽医年鉴》在畜牧业发展综述中指出，2008年全年生猪出栏50头以上的规模化养殖比例达到56.0%；2009年生猪规模养殖比例达到61.0%，也是以全年出栏50头以上作为统计标准。因此，两者在规模养殖划分依据上存在一定的差异。

（一）生猪规模养殖总体情况

通过查询《中国畜牧兽医年鉴》，对各养殖规模养殖场（户）年出栏情况进行了整理，见表3-6。需要说明的是，由于《中国畜牧兽医年鉴（2012）》更改了统计方式，故从2012版开始，无法查询到各出栏规模养殖场（户）出栏数据。

表3-6　全国生猪养殖出栏数（比重）分析

出栏规模	指标	2008	2009	2010
年出栏规模1～49头	出栏数（万头）	37 764.70	34 061.01	33 149.5
	比重（%）	44.04	38.67	35.49
年出栏规模50～99头	出栏数（万头）	11 086.16	11 394.69	11 900.9
	比重（%）	12.93	12.93	12.74
年出栏规模100～499头	出栏数（万头）	13 498.77	14 743.69	16 087.2
	比重（%）	15.74	16.74	17.22
年出栏规模500～999头	出栏数（万头）	7 183.13	8 397.18	9 543.5
	比重（%）	8.38	9.53	10.22
年出栏规模1 000～4 999头	出栏数（万头）	9 308.75	10 908.8	12 660.7
	比重（%）	10.86	12.28	13.56
年出栏规模5 000～9 999头	出栏数（万头）	2 684.55	3 285.32	3 861.3
	比重（%）	3.13	3.73	4.13
年出栏规模10 000头以上	出栏数（万头）	4 212.28	5 301.29	6 196.8
	比重（%）	4.91	6.02	6.63

从表3-6可以看出，从2008—2010年，我国生猪养殖业的规模化程度始终处于变化之中。散养（年出栏规模1～49头）的年出栏比重从44.04%持续下降至35.49%，年出栏数也从37 764.70万头下降到33 149.5万头，规模养殖（年出栏不低于50头）的年出栏比重从55.96%持续上升至64.51%。在规模养殖年出栏数中，所有规模年出栏数都持续增长，在规模养殖年出栏比重中，除了年出栏规模50～99头比重有略微下降外，年出栏规模100～499头、年出栏规模500～999头、年出栏规模1 000～4 999头等比重均有所增加，这主要是因为年出栏规模50～99头的增速慢导致比重有所下降。我国半数以上的出栏生猪来源于规模养殖企业，由此可以看出，生猪规模养殖在我国生猪养殖业中的重要地位。下面从生猪养殖场（户）数量的角度来分析生猪养殖规模的变化，由于年出栏规模

500～999头、年出栏规模1 000～4 999头等养殖场（户）数量所占比重过小，故合并为年出栏规模500头以上进行统计。数据见表3-7。

表3-7　全国生猪养殖场（户）数（比重）分析

年份	年出栏规模1～49头		年出栏规模50～99头		年出栏规模100～499头		年出栏规模500头以上	
	场（户）	比重（%）	场（户）	比重（%）	场（户）	比重（%）	场（户）	比重（%）
2008	69 960 452	96.65	1 623 484	2.24	633 791	0.88	164 103	0.23
2009	64 599 143	96.22	1 653 865	2.46	689 739	1.03	194 436	0.29
2010	59 086 923	95.71	1 685 279	2.73	742 772	1.20	220 366	0.36
2011	55 129 498	95.26	1 724 703	2.98	782 338	1.35	237 803	0.41
2012	51 898 933	94.88	1 726 108	3.16	817 834	1.50	255 557	0.46
2013	49 402 542	94.79	1 619 877	3.11	827 262	1.59	266 282	0.51
2014	46 889 657	94.65	1 571 123	3.17	810 448	1.64	267 407	0.54
2015	44 055 927	94.62	1 479 624	3.18	758 834	1.63	264 580	0.57

由表3-7可以看出，从2008—2015年，散户（年出栏规模1～49头）的数量和所占比重均持续下降，规模养殖（年出栏规模50头以上）场（户）的所占比重持续上升。具体来看，年出栏规模50～99头的规模养殖场（户）的数量先上升后下降，得益于散户数量的快速减少，所占比重从整体来看仍呈上升趋势；年出栏规模100～499头的规模养殖场（户）的数量从2008—2014年持续增加，到2015年有小幅降低；年出栏规模500头以上的规模养殖场（户）的数量和所占比重均稳定增加。

结合表3-6和表3-7可以发现，从2008—2010年，我国生猪规模养殖场（户）数量所占的比重仅为3.35%、3.78%、4.29%，而年出栏量比重分别达到55.96%、61.33%、64.51%。这在一定程度上反映了我国生猪规模养殖平均出栏数较大，以2010年为例，平均出栏数见表3-8。

表3-8　2010年我国生猪规模养殖场（户）平均出栏数　单位：头

年出栏规模	≥50	≥500	≥1 000	≥5 000
平均出栏数	227	1 464	3 021	10 484

二、我国区域生猪养殖现状

我国生猪养殖存在一定的区域性特点，各省在年末存栏数和年出栏数方面都有很大的差异。本节整理了2011年与2015年全国各省份生猪年末存栏数和年出栏数据，见表3-9。

表3-9　2011年与2015年我国区域生猪养殖现状　单位：万头

省区		2011		2015	
		年出栏数	年末存栏数	年出栏数	年末存栏数
华北	北京	312.2	179.3	284.4	165.6
	天津	352.7	191.3	378.0	196.9
	河北	3 235.8	1 885.2	3 551.1	1 865.7
	山西	672.1	446.1	783.7	485.9
	内蒙古	905.1	684.2	898.5	645.3
东北	辽宁	2 652.1	1 585.4	2 675.7	1 457.5
	吉林	1 480.2	989.3	1 664.3	972.4
	黑龙江	1 635.9	1 367.9	1 863.4	1 314.1
华东	上海	267.0	180.7	204.4	143.9
	江苏	2 878.2	1 745.5	2 978.3	17 80.3
	浙江	1 929.9	1 281.9	1 315.6	730.2
	安徽	2 721.1	1 467.3	2 979.2	1 539.4
	福建	1 950.4	1 297.8	1 707.8	1 066.2
	江西	2 884.8	1 570.5	3 242.5	1 693.3
	山东	4 234.2	2 837.1	4 836.1	2 849.6

（续表）

省区		2011		2015	
		年出栏数	年末存栏数	年出栏数	年末存栏数
中南	河南	5 361.2	4 569.0	6 171.2	4 376.0
	湖北	3 871.4	2 533.1	4 363.2	2 497.1
	湖南	5 575.9	4 158.2	6 077.2	4 079.4
	广东	3 664.1	2 300.6	3 663.4	2 135.9
	广西	3 195.1	2 412.0	3 416.8	2 303.7
	海南	513.7	416.5	555.7	401.1
西南	重庆	2 020.9	1 540.6	2 119.9	1 450.4
	四川	7 002.6	5 101.8	7 236.5	4 815.6
	贵州	1 689.7	1 521.6	1 795.3	1 559.0
	云南	2 964.7	2 689.8	3 451.0	2 625.3
	西藏	16.4	32.3	18.1	38.6
西北	陕西	1 063.7	880.0	1 205.6	846.0
	甘肃	633.1	560.3	696.0	600.0
	青海	130.0	115.2	137.5	118.4
	宁夏	99.7	68.3	91.5	65.5
	新疆	262.72	158.2	463.1	294.5
全国		66 170.3	46 799.9	70 825.0	45 112.5

相比于2011年，2015年全国生猪年出栏数增加了4 654.7万头，涨幅达到7%，年末存栏数减少了1 687.4万头，2011年生猪年出栏率（出栏率=年出栏数/上年年末存栏数，2010年年末存栏数为46 460.01万头）约为1.42，2015年生猪出栏率（2014年年末存栏数为46 583万头）约为1.52，这在一定程度上说明我国生猪养殖技术以及疾病防治方面得到了提高，从而提升了出栏率。从行政区域上来看，2011年四川生猪出栏数为7 002.6

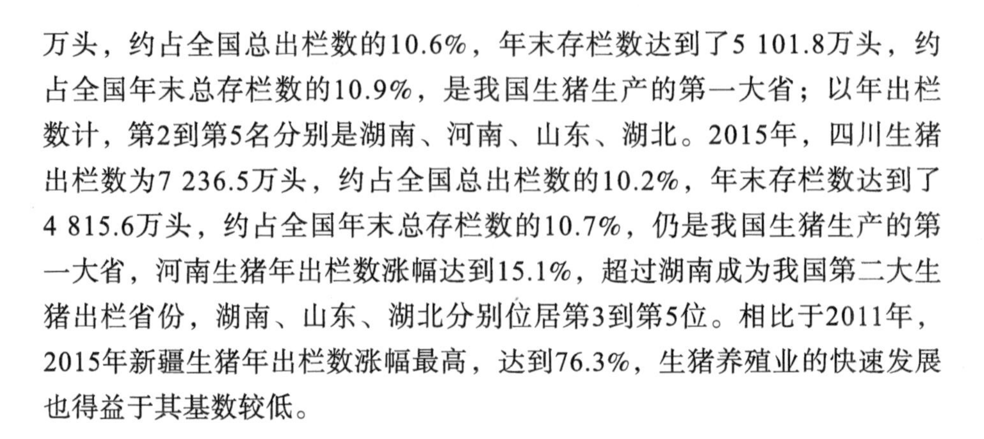

万头，约占全国总出栏数的10.6%，年末存栏数达到了5 101.8万头，约占全国年末总存栏数的10.9%，是我国生猪生产的第一大省；以年出栏数计，第2到第5名分别是湖南、河南、山东、湖北。2015年，四川生猪出栏数为7 236.5万头，约占全国总出栏数的10.2%，年末存栏数达到了4 815.6万头，约占全国年末总存栏数的10.7%，仍是我国生猪生产的第一大省，河南生猪年出栏数涨幅达到15.1%，超过湖南成为我国第二大生猪出栏省份，湖南、山东、湖北分别位居第3到第5位。相比于2011年，2015年新疆生猪年出栏数涨幅最高，达到76.3%，生猪养殖业的快速发展也得益于其基数较低。

三、各地区规模养殖污染物排放情况

规模养殖的污染物排放量与存栏量和污染物处理技术都有密切关系。我国规模养殖快速发展，随着存栏量的变化污染物排放量也随之变化。规模养殖污染物的化学成分主要为化学需氧量、氨氮、总氮、总磷等，本节整理了2013年和2015年我国各省区市规模养殖污染物化学需氧量和氨氮的排放情况，见表3-10。

表3-10　我国各省区市规模养殖主要污染物排放情况　　单位：t

省区		2013		2015	
		化学需氧量	氨氮	化学需氧量	氨氮
华北	北京	39 224	2 772	35 724	2 379
	天津	29 733	1 749	22 631	1 233
	河北	435 762	21 216	380 254	18 281
	山西	73 382	5 545	65 246	5 065
	内蒙古	135 341	3 804	168 620	3 603
东北	辽宁	149 290	10 316	129 062	8 976
	吉林	94 779	5 242	75 872	3 898
	黑龙江	236 969	9 112	168 567	6 467

（续表）

省区		2013		2015	
		化学需氧量	氨氮	化学需氧量	氨氮
华东	上海	12 619	1 368	10 524	1 119
	江苏	103 372	8 934	91 262	7 818
	浙江	74 820	11 611	70 745	10 255
	安徽	177 362	18 021	160 396	16 695
	福建	76 109	12 821	68 417	11 442
	江西	108 158	16 840	101 755	15 223
	山东	336 870	26 991	315 678	23 421
中南	河南	421 533	41 085	393 215	37 703
	湖北	141 465	18 628	119 995	14 490
	湖南	179 590	29 288	168 590	27 273
	广东	150 915	24 039	124 279	17 554
	广西	50 070	7 245	41 713	5 767
	海南	22 095	2 235	24 785	2 452
西南	重庆	37 589	5 438	34 037	4 928
	四川	154 493	21 817	164 691	20 056
	贵州	15 715	1 512	11 983	1 210
	云南	17 085	1 952	15 210	1 595
	西藏	632	56	2 905	89
西北	陕西	69 837	5 579	62 517	4 997
	甘肃	15 460	850	14 487	760
	青海	7 685	462	7 995	453
	宁夏	23 622	565	26 526	490
	新疆	78 726	4 828	52 552	2 151
全国		3 470 302	321 922	3 130 233	277 843

相比于2013年，2015年我国规模养殖化学需氧量和氨氮排放量均有所降低，这表明我国针对规模养殖的环境政策已初见成效。2014年1月1日起，《畜禽规模养殖污染防治条例》正式实施，明确了禁养区划分标准、激励和处罚办法，2015年1月1日《中华人民共和国环境保护法》施行，针对畜牧养殖行业的污染行为，轻则罚款整改，重则停产拆迁，这些法律法规对提升规模养殖企业环境水平起到了至关重要的作用。我国各省区市也在这些法律法规的指导下，逐步降低规模养殖的污染物排放总量。规模养殖通过消耗一定的自然资源产出生猪，与此同时会产生污染性物质，为了客观的评价我国生猪规模养殖投入产出水平及对环境的负面作用，有必要针对我国生猪规模养殖环境效率进行评价分析。

第三节　生猪规模养殖环境效率评价

环境效率，也称为生态效率，不同的部门对其给出了不同的定义。例如，世界可持续发展工商业委员会（WBCSD）将环境效率定义为满足人类需求的产品和服务的经济价值与环境负荷的比值，即单位环境负荷的经济价值；世界经济合作与发展组织（OECD）将生态效率定义为衡量生态资源用以满足人类需求的一种效率，该效率值可以用产品或服务的经济价值与生产活动产生的环境污染或环境破坏的总和的比值来表示；Reinhard将环境效率定义为多个有害投入的最小可能值与实际使用量之间的比值。从上述的3种定义来看，对于环境效率的定义不尽相同，也有将环境效率表述为生态效率，但均涉及两个方面：环境和经济，效率也均是以某一活动创造的经济价值与产生的环境负面影响的比值来表示。评价某一活动的环境效率，不仅考虑该活动创造的经济价值，同时也考虑该活动产生的负面影响，从而对该活动进行一个全面综合的评价，这与针对某一活动创造的经济价值或者环境影响仅进行单方面的评价，存在着显著区别。生猪规模养殖虽然带了严重的养殖废弃物污染，但同时也为社会提供了稳定的肉类来源，带动了地方经济与就业。因此，评价生猪规模养殖不能仅从环境污染角度或者经济价值进行单方面评价，应将经济与环境负面影响结合起来，评价其环境效率，从而给予我国生猪规模养殖一个较为客观的评价。

生猪养殖过程中，需投入人力、物力等资源，同时还会排出污染物质，例如COD、全氮、全磷等，显然，理想的状态是投入的人力物力越少越好、产出的肉越多越好，而排出的污染物质越少越好。针对这种考虑环境污染的经济活动评价，带有非期望产出的SBM-DEA模型是一种简单有效的评价方法。

一、包含非期望产出的SBM-DEA模型介绍

数据包络分析方法（Data Envelopment Analysis，DEA）是运筹学、管理科学与数理经济学交叉研究的一个新领域。它是根据多项投入指标和多项产出指标，利用线性规划的方法，对具有可比性的同类型单位进行相对有效性评价的一种数量分析方法。适用于多输出—多输入的有效性综合评价问题，在处理多输出—多输入的有效性评价方面具有绝对优势。DEA方法并不直接对数据进行综合，因此决策单元的最优效率指标与投入指标值及产出指标值的量纲选取无关，应用DEA方法建立模型前无须对数据进行无量纲化处理（当然也可以）；无须任何权重假设，而以决策单元输入输出的实际数据求得最优权重，排除了很多主观因素，具有很强的客观性。

DEA方法，是度量相似决策单元间的效率与生产率的一种相当有效的工具，已经被广泛应用于评价各种投入产出活动的效率。经典的DEA模型—CCR模型，指规模报酬不变（CRS）条件下效率模型；加入约束条件$\sum\lambda=1$，则称为BCC模型，指规模报酬可变（VRS）条件下的效率模型。经典的DEA模型的评价思想是投入尽可能地小或者产出尽可能地多，这与生产制造行业的现实情况显然是有所出入的。生产制造业在生产过程中，往往会产生一些副产品，例如，废气、废水、废渣，这显然是决策者所不希望看到的，称这种不希望产生的副产品为“非期望产出”。

本章采用SBM模型对生猪养殖环境效率进行测算。传统DEA模型对要素投入产出的松弛性问题考虑不够充分，DEA方法从发展和度量的角度来看可以分成4种类型：径向角度型、角度非径向型、径向非角度型、非角度非径向型；径向是指投入或产出按照等比例放缩以达到有效，角度是指投入或产出导向。传统的径向角度的DEA模型未能充分考虑到投

入产出的松弛性问题，容易造成投入要素不合理，传统DEA模型无法解决此类问题，从而使得度量出的效率结果存在偏差，因此度量的效率值也是不够准确的。而SBM模型就是针对此问题所做的处理，其考虑了要素的“拥挤”或“松弛”，相对于其他模型更能反映环境效率评价的本质。Tone提出了非径向非角度、包含非期望产出的SBM模型，解决了传统DEA模型存在的上述两大问题，使得DEA方法可以适用于评价包含非期望产出的生产活动。

假设$k=1$，…，K个生产单位使用N种投入要素$x=(x_1, x_2, \cdots, x_n)$，$x \in R_N^+$，产出$M$种期望产出$y=(y_1, y_2, \cdots, y_m)$，$y \in R_M^+$，$I$种非期望产出$b=(b_1, b_2, \cdots, b_i)$，$b \in R_I^+$，则环境技术集可表示为：$p(x)=\{(y, b): x能生产(x, y, b) \in T\}$。$t=1$，…，$T$表示第$t$个时期。规模报酬不变的包含非期望产出的SBM模型可表示为：

$$\rho^* = \min \frac{1-\dfrac{1}{N}\sum_{n=1}^{N}\dfrac{s_n^x}{x_{k'n}^t}}{1+\dfrac{1}{M+I}\left(\sum_{m=1}^{M}\dfrac{s_m^y}{y_{k'm}^t}+\sum_{i=1}^{I}\dfrac{s_i^b}{b_{k'i}^t}\right)}$$

$$\sum_{k=1}^{K} z_k^t x_{kn}^t + s_n^x = x_{k'n}^t,\ n=1,\ \cdots,\ N$$

$$\sum_{k=1}^{K} z_k^t y_{km}^t - s_m^y = y_{k'n}^t,\ m=1,\ \cdots,\ M$$

$$\sum_{k=1}^{K} z_k^t b_{kn}^t + s_i^b = b_{k'n}^t,\ i=1,\ \cdots,\ I$$

$$z_k^t \geqslant 0,\ s_n^x \geqslant 0,\ s_m^y \geqslant 0,\ s_i^b \geqslant 0,\ k=1,\ \cdots,\ K$$

其中，$(x_{k'n}^t, y_{k'm}^t, b_{k'i}^t)$为第$k$个生产单位在$t$时期的投入产出值，$(s_n^x, s_m^y, b_i^b)$为投入产出松弛变量，$z_k^t$为权重向量。目标函数$\rho^*$是关于$s_n^x$、$s_m^y$、$b_i^b$的严格单调递减函数，且$0 \leqslant \rho^* \leqslant 1$，当且仅当$s_n^x = s_m^y = b_i^b = 0$时，$\rho^*=1$，即被评价单元是有效的。当$0 \leqslant \rho^* < 1$，说明决策单元存在投入产出无效率。加入约束条件$\sum z_k^t = 1$，则变为规模报酬不变的包含非期望产出的SBM模型。

二、指标选取和数据来源

不同养殖规模的企业具有不同的养殖方式与特点，在养殖废弃物的处理上也各有不同，需分别针对不同养殖规模的环境效率进行评价。因此，本书对小规模、中规模、大规模生猪养殖企业环境效率分别进行评价。选取DEA评价指标不仅要求能较为全面地反映评价目的，还要求投入指标或产出指标之间不能有强相关性，另外，投入产出指标数总和应不大于决策单元（DMU）的1/2。依照生猪养殖的实际过程，本研究选取的投入产出指标如表3-11所示。

表3-11　生猪规模养殖环境效率评价体系

投入指标	期望产出	非期望产出
饲养天数（d/头）		
精饲料数量（kg/头）	净产量（kg/头）	COD（g/头）
用工天数（d/头）		

投入指标包括饲养天数、精饲料数量、用工天数，期望产出指标为生猪出栏净产量，即出栏重量减去仔畜重量，由于生猪出栏价格每年波动较大，为了避免受到每年出栏价格波动以及人民币通货膨胀等因素的影响，本书未选取每头生猪年产值作为期望产出指标；由于大、中、小规模养殖出栏生猪在同时期同地区出栏价格相同，因此，每头生猪净产量可以在一定程度上代表大、中、小规模养殖的单位收益水平。非期望产出为化学需氧量（COD），事实上，生猪养殖排出的污染物不仅包括化学需氧量，还包括总氮（TN）、总磷（TP）等，均是由生猪粪尿转化而成，但是由于化学需氧量，总氮（TN）、总磷（TP）等的排放系数为定值，总排放量取决于存栏天数和出栏重量，故三者的排放总量的比值即为三者排放系数的比值，因此在时间序列上，三者必然强相关，故只选择COD作为非期望产出指标。

饲养天数、精饲料数量、用工天数、净产量数据均来源于《全国农产品成本收益资料汇编》；出栏每头生猪排放的COD总量（g/头）=饲养天数×排污系数×出栏重量/参考重量。排污系数数据来源于2009年第一次全国污染源普查领导小组办公室发布的《第一次全国污染源普查——畜禽养殖业源产排污系数手册》。该手册给出的排污系数是在不同区域、不同饲养阶段、不同养殖规模、一定参考体重下的排污系数。猪场清粪方式主要包括干清粪和水冲粪两种，不同清粪方式导致的化学需氧量（COD）及总氮（TN）和总磷（TP）排放量也不同。根据祝其丽的调查，规模猪场使用的干清粪和水冲粪方式比例为4：1，吴学兵将各省规模养殖场干清粪和水冲粪两种方式分别赋予80%和20%的权重。本书首先将各区域内生猪养殖排污系数均按照70kg出栏重量计，然后再将所有区域排污系数取平均值，从而得到各养殖规模排污系数。

《资料汇编》和《排污系数手册》在生猪养殖规模的界定存在一定的差异。《资料汇编》统计了4种生猪养殖规模，分别为：散养（年出栏30头以下）、小规模（年出栏30～100头）、中规模（年出栏100～1 000头）和大规模（年出栏1 000头以上）。《排污系数手册》仅统计了3种生猪养殖规模，分别为畜禽养殖专业户（生猪年出栏不低于50头）、规模化养殖场（生猪年出栏不低于500头）和畜禽养殖小区（排污手册中没有具体的规模定义，仅指出是由多位养殖业主共同进行标准化养殖）。按照杜红梅的对应方式，将养殖专业户（养殖规模在50头以上）对应小规模（年出栏30～100头），将规模化养殖场（养殖规模在500头以上）对应中规模（年出栏100～1 000头），将养殖小区对应大规模（年出栏1 000头以上）。

三、环境效率评价分析

鉴于数据的可获得性，本书仅评价2004—2015年全国各养殖规模环境效率。计算大、中、小规模养殖环境效率，见表3-12。

表3-12　大、中、小规模养殖环境效率

年份	小规模	中规模	大规模
2004	0.585 233 6	0.773 232	0.769 076 9
2005	0.630 423 6	0.826 926 9	0.752 849 8
2006	0.641 353	0.833 228 8	0.784 590 5

（续表）

年份	小规模	中规模	大规模
2007	0.635 045	1	0.821 839 2
2008	0.669 789 6	1	0.861 185 2
2009	0.687 253 9	0.922 472 1	0.859 044 3
2010	0.681 963	0.942 132	0.883 566 3
2011	0.667 335 8	0.992 936 7	0.894 330 2
2012	0.686 916 5	1	0.915 734 1
2013	0.693 067 1	1	1
2014	0.686 684 6	0.977 566	0.958 856 2
2015	0.697 198 7	1	1
均值	0.663 522 029	0.939 041 22	0.875 089 395
方差	0.001	0.007	0.007

由表3-12中可以看出，从2004—2015年，中规模养殖的环境效率平均值最高，大规模养殖的环境效率平均值略低于中规模养殖，小规模养殖的环境效率平均值最低；小规模养殖的环境效率方差最低，大规模和中规模的环境效率方差相等。小规模养殖在养殖技术、养殖方式等方面均落后于大中型养殖场，经济效益不高，在猪粪尿处理方面往往也只是简单的常温发酵后排放，因此出栏每头生猪所消耗的资源量与排放的COD量均较高，导致其环境效率最低；我国大规模生猪养殖场在养殖技术等方面有明显优势，因此经济效益最好，污水处理设备较为先进，但普遍存在周边土地资源紧张的问题，致使COD无法完全吸纳，剩余的COD排出导致污染；而中规模养殖场虽然经济效益略低，但是由于养殖规模小，COD产生量低，污水处理设备处理后再经周边土地消纳，故排出的COD量最少，因此环境效率反而最高。另外，小规模养殖环境效率方差最小，表明其发展进程最为平稳，这是由于小规模养殖场在改进养殖技术、更新养殖设备等方面落后于大、中规模养殖场，在污水处理方面也改进的最慢，因此小规模生猪养殖环境效率变化幅度最小。

大、中、小规模养殖环境效率虽然在个别年份有所下降，但变化很小，从整体上看均呈现增长的状态，这表明我国生猪规模养殖环境效率在逐步提升。大规模养殖环境效率增长的最快，这主要是得益于近年来污水处理技术的大幅进步，大大降低了大规模养殖场的污染物排放总量，从而使得单位排放量大幅下降，环境效率得以快速提升。而小规模养殖场环境效率提升缓慢，虽然其单位排放量大，但是规模小污染物排放总量少，改善环境行为的意愿并不强烈，其环境效率的缓慢提升可能仅是为了满足日益严格的环境政策以及养殖技术等的小幅改进共同驱动所致。在当前我国社会经济发展水平下，中等规模的生猪养殖是最值得推广的养殖类型。

SBM模型的一个重要特点就是能够展示投入、产出松弛变量对综合效率的影响，并根据松弛变量提出改进对策。各规模养殖环境效率松弛变量见表3-13。

表3-13　2004—2015年各规模养殖环境效率松弛变量均值

变量	小规模	中规模	大规模
饲养天数	21.590 133	5.619 866 077	11.598 737 22
精饲料数量	14.193 950 3	2.164 530 967	14.295 282 16
用工天数	2.753 212 719	0.410 187 045	0.294 418 86
COD	3 816.554 016	20.213 714 75	818.518 943 7
净产量	0	0	0

从松弛变量来看，当前各规模的生猪养殖均存在养殖周期过长、精饲料投入冗余、用工投入冗余、COD排放量过大的问题，各规模养殖场可以考虑适当缩短存栏时间，对于小规模养殖场和大规模养殖场，应着重改善其环境行为，降低单位产品污染物的排放。通过对大、中、小3种规模的生猪养殖场环境效率进行评价，发现三者环境效率均有所提升，但是均存在污染物排放过多的问题。规模养殖不仅要消耗大量的资源，还会造成环境污染，我国应该进一步推行适度规模养殖，不能一味追求规模扩大，同时也要加大对大规模生猪养殖场的环境测评，督促大规模生猪养殖

场加大对粪污处理设备及技术的更新和应用。目前随着环保政策的进一步推行和实施，对各大养殖场生产养殖产生很大环保压力，但另一方面也可以催生相关技术的发展，推动生猪产业转型升级，实现绿色发展。因此不仅要评价我国生猪规模养殖环境效率，还需要评价我国资源环境是否能够为生猪规模养殖提供良好支撑。下面针对我国生猪规模养殖资源环境承载力进行评价分析。

第四节　生猪规模养殖资源环境承载力评价

在《环境科学大辞典》中对环境承载力的定义为“某一环境状态和结构在不发生对人类生存发展有害变化的前提下，所能承受人类社会作用在规模、强度和速度上的限值”。针对不同的研究对象，学者对环境承载力的定义进行了一定的细化。徐琳瑜利用系统动力学构建递级突变模型，从内外两种作用角度动态评估环境承载力和压力的变化趋势，将工业园区环境承载力定义为在一定时期内，在保证园区可利用资源环境容量的合理利用、生态环境结构稳定和功能正常前提下，园区复合系统能够承受社会经济压力的能力；雷勋平将资源环境承载力定义为资源系统、环境系统能够承载的人口数量和相应的经济社会总量的能力，以及由于经济社会发展水平的提高对资源优化、环境降压与保护的能力之和，资源系统提供人类生存和发展所必需的各种资源，资源承载力是环境承载力的基础，资源承载力构成了环境承载力的约束条件；杨丽花将流域水环境承载力定义为在某种特定的条件下，自然、经济、社会等多种因素影响下，水环境能自我调节的情况下，水环境所能承载的环境污染的最大程度。生猪规模养殖过程中会消耗大量的自然、人力等资源，查阅国内外相关文献并结合生猪规模养殖的实际情况，本书将生猪规模养殖资源环境承载力定义为“在不发生对人类生存发展有害变化的前提下，某一区域的环境状态和结构、资源水平所能承受的生猪规模养殖活动的限值。评价承载力具有重要意义，它是识别影响承载力的关键因素以及提高承载力水平的重要途径，能为区域了解其承载力现状并提高承载力水平提供现实依据和理论支撑。

一、生猪规模养殖资源环境承载力指标体系

指标体系对于评价具有非常重要的意义，指标选取的不合理，会导致评价结果可信度不足甚至完全背离现实情况，不具备参考和应用价值，因此，需要根据我国生猪规模养殖的实际情况选取合适的指标以进行有效的评价。此外，还要考虑指标数据的可获得性，不可获得数据的指标也是无法评价的。另外，考虑我国社会经济与环境系统之间的复杂性与多样性关系，所建立的环境承载力的指标体系想要涵盖区域内所有活动是非常困难的，也是不可能统一限定所有指标的，因此，从各子系统中选择有代表性、易量化的指标进行定性定量相结合的分析是十分必要的。资源系统为生猪规模养殖活动提供各种不可或缺的资源，因此资源承载力是环境承载力的基础；而资源的开发利用必然会引起环境的变化，这是因为生猪规模养殖在消耗资源的同时必然会产生大量的废弃物并向环境系统排放一定量的废弃物，而环境系统对这些废弃物污染的承载能力是有限的，所以环境承载力就构成了资源环境承载力的约束条件。此外，从可持续发展战略和促进经济与资源、环境协调发展的高度看，资源环境承载力高低与经济的发展有着密切联系，所以经济发展水平也是影响资源环境承载力的重要原因，因此，生猪规模养殖资源环境承载力评价体系可以从3个方面构建：资源承载力、环境承载力、社会经济承载力。这3个方面既相互独立，又相互联系，共同反映区域资源环境承载力状况。在生猪养殖过程中，需要大量的资源作为支撑，例如土、水、粮食等；排放大量的污染物质，主要污染成分包括COD、总氮、总磷、抗生素等，没有经过处理的生猪养殖产生的大量的猪粪和猪尿等，其中小部分的氮以氨气的形式排放到空气中，对大气造成污染；有毒气体对大气的污染，猪粪中有大量的挥发性成分和臭气，包括氨气、硫化氨等臭鸡蛋的刺激性气味，这些气体不但会导致生猪生产能力降低和幼猪中毒死亡，而且会使生猪养殖农户健康受损，导致呼吸道疾病。与此同时，还需要考虑其他污染物来源对环境承载力的影响，这是因为工业污染、人类生活污染都在一定程度上给环境造成了压力，从而给生猪规模养殖污染提出了更高的要求；在社会经济方面，兽医站、家畜繁育改良站均为生猪规模养殖业的发展提供了有力支持，农业从业人员也是生猪规模养殖业良好发展的人力资源保障，另外，社会对生猪

产品的需求对生猪规模养殖业的发展也起到了推动作用。本书将生猪规模养殖资源环境承载力的评价指标体系分为3个层次，分别为目标层、准则层、指标层。目标层即生猪规模养殖资源环境承载力；准则层为资源承载力、环境承载力、社会经济承载力；指标层即指标体系中反映资源水平、污染状况、社会经济水平状况的最基层的要素，由此建立了生猪规模养殖资源环境承载力评价体系（表3-14）。

表3-14　生猪规模养殖资源环境承载力评价指标体系

目标层	准则层	指标层	指标解释	单位
生猪规模养殖资源环境承载力	资源承载力	人均耕地面积（B_1）	总耕地面积/总人口	hm^2/人
		人均水资源量（B_2）	水资源总量/总人口	m^3/人
		人均粮食占有量（B_3）	粮食产量/总人口	kg/人
	环境承载力	生猪养殖密度（B_4）	年出栏数/农用地总面积（逆指标）	头/hm^2
		工业废气排放总量（B_5）	（逆指标）	万t
		化肥施用量（B_6）	（逆指标）	万t
		废水排放量（工业+生活）（B_7）	（逆指标）	亿t
	社会经济支持力	乡镇畜牧兽医站数量（B_8）		个
		人均猪肉产量（B_9）	猪肉产量/总人口	kg/人
		农业就业人员数量（B_{10}）		万人

二、生猪规模养殖资源环境承载力评价

1. GRA与TOPSIS法（GRA）

灰色关联度分析评价是一种基于各因素数列曲线形状的接近程度作发展态势分析的方法，它是以各因素的样本数据为依据用灰色关联度来描述因素间关系的强弱、大小和次序，若样本数据反映出的两因素变化的态势（方向、大小和速度等）基本一致，则它们之间的关联度较大；反之，

关联度较小。此方法的优点在于思路明晰，可以在很大程度上减少由于信息不对称带来的损失，并且对数据要求较低，工作量较少。对各子系统进行灰色关联度分析是灰色系统理论中的一个概念，意图通过一定的方法探究系统中各子系统（或因素）之间的数值关系。换言之，灰色关联度分析是指在系统发展过程中，如果两个因素变化的态势同步变化程度较高，则认为两者关联较大；如果两个因素变化的态势同步变化程度较低，则两者关联度较小。因此，灰色关联度分析为系统发展变化态势提供了量化的度量，非常适合动态（Dynamic）的历程分析。灰色关联度可分成“局部性灰色关联度”与“整体性灰色关联度”两类，主要区别在于局部性灰色关联度有一组参考序列，而整体性灰色关联度是任一序列均可作为参考序列。关联度分析是基于灰色系统的灰色过程，通过因素间时间序列的比较来确定哪些是影响大的主导因素，是一种动态过程的研究。

TOPSIS法，全称是“逼近理想解排序法”，也称为优劣解距离法，是一种常用的解决多个对象有限个方案的多目标决策分析方法，其基本原理是通过检测评价对象与最优解、最劣解的距离来进行排序，若评价对象最靠近最优解同时又最远离最劣解，则为最好；否则不为最优。其中最优解的各指标值都达到各评价指标的最优值，最劣解的各指标值都达到各评价指标的最差值，由Hwang和Yoon于1981年提出。TOPSIS法的两个基本概念是“正理想解”和“负理想解”。正理想解是一设想的最优的解，各项指标都为最优，而负理想解是一设想的最劣的解，各项指标都为最差。TOPSIS法的原理在于，首先确定各项指标在所有的评价对象中的最优值和最差值，然后求出各个方案与正理想解、负理想解之间的欧几里得距离，如果评价对象靠近正理想解最近的同时又离负理想解最远，则为最优；否则为最劣，进而得出各个方案与最优方案的接近程度，并以接近程度作为标准对各个评价对象进行排序比较。

2. 基于熵权法的GRA-TOPSIS评价法

将熵权法、灰色关联度分析以及TOPSIS法集合组成，既具有良好的客观性，又能提升评价结果的稳定性，是一种较为有效的综合评价方法。设待评价对象评价体系中有m个评价单元A_i，$i \in \{1, 2, \cdots, m\}$，$n$个评价指标$B_j$，$j \in \{1, 2, \cdots, n\}$。评价矩阵为$\overline{X} = \left(x_{ij}\right)_{m \times n}$，其中，$x_{ij}$为第$i$个评价单元在第$j$个指标下的属性值。基于熵权法的GRA（灰色关联度分析）—TOPSIS评价法计算步骤如下。

（1）由于各指标在数量级、量纲上均有很大差异，故需要先对原始数据进行标准化处理。一般常采用极差法进行原始数据标准化，设标准化矩阵$Y=(y_{ij})_{m\times n}$。

对于正向指标：$y_{ij}=\dfrac{x_{ij}-\min\limits_i\{x_{ij}\}}{\max\limits_i\{x_{ij}\}-\min\limits_i\{x_{ij}\}}$，对于负向指标 $y_{ij}=\dfrac{\max\limits_i\{x_{ij}\}-x_{ij}}{\max\limits_i\{x_{ij}\}-\min\limits_i\{x_{ij}\}}$。

（2）熵权法确定指标权重$\omega=(\omega_1,\ \omega_2,\ \cdots,\ \omega_n)$。第$j$个指标的熵$H_j=-\dfrac{1}{\ln n}\sum\limits_{i=1}^{m}p_{ij}\ln p_{ij}$，其中$p_{ij}=\dfrac{y_{ij}}{\sum\limits_{i=1}^{m}y_{ij}}$，当$p_{ij}=0$时，$p_{ij}\ln p_{ij}=0$，则第$j$个指标的熵权为$\omega_j=\dfrac{1-H_j}{n-\sum\limits_{j=1}^{n}H_j}$。最后再根据研究目的和要求将指标重要性的权重确定为α_j，结合指标的熵权ω_i即可得出指标j的综合权重$\omega_j^*=\dfrac{\alpha_i\omega_i}{\sum\limits_{i=1}^{m}\alpha_i\omega_i}$。在具体应用中，通常情况下，可省略最后一步，综合权重ω_i^*用熵权ω_i代替即可。

（3）为进一步提高评价矩阵的客观性，借助加权思想，计算加权规范化决策矩阵$Z=(z_{ij})_{m\times n}$，其中$z_{ij}=\omega\times y_{ij}$。

（4）设Z^+为评价数据中第i个指标在j年内的最大值，即最偏好的方案，称为正理想解；Z^-为评价数据中第i个指标在j年内的最小值，即最不偏好的方案，称为负理想解，确定加权规范化决策矩阵Z的正负理想解Z^+和Z^-。

$Z^+=\left(z_1^+,\ z_2^+,\ \cdots,\ z_8^+\right)$，$Z^-=\left(z_1^-,\ z_2^-,\ \cdots,\ z_8^-\right)$，其中$z_j^+=\max\limits_i\{z_{ij}\}=\omega_j$，$z_j^-=\min\limits_i\{z_{ij}\}=0$。

（5）计算各评价单元与正负理想解之间的灰色关联度矩阵$R^+=\left(r_{ij}^+\right)_{m\times n}$和$R^-=\left(r_{ij}^-\right)_{m\times n}$

其中 $r_{ij}^{+}=\frac{\min\left|z_j^{+}-z_{ij}\right|+\rho\max\left|z_j^{+}-z_{ij}\right|}{\left|z_j^{+}-z_{ij}\right|+\rho\max\left|z_j^{+}-z_{ij}\right|}=\frac{\rho\omega_j}{\omega_j-z_{ij}+\rho\omega_j}$

$r_{ij}^{-}=\frac{\min\left|z_j^{-}-z_{ij}\right|+\rho\max\left|z_j^{-}-z_{ij}\right|}{\left|z_j^{-}-z_{ij}\right|+\rho\max\left|z_j^{-}-z_{ij}\right|}=\frac{\rho\omega_j}{z_{ij}+\rho\omega_j}$，$\rho\in$（0，∞）称为分辨系数，$\rho\in$（0，1），分辨率越大，当$\rho\leqslant0.546\,3$时，分辨率最好，一般取$\rho$=0.5。

（6）计算各评价单元与正理想解的灰色关联度 $r_i^{+}=\frac{1}{n}\sum_{j=1}^{n}r_{ij}^{+}$，与负理想解的灰色关联度 $r_i^{-}=\frac{1}{n}\sum_{i=1}^{n}r_{ij}^{-}$。

（7）计算各评价单元到正理想解的欧氏距离 $d_i^{+}=\sqrt{\sum_{j=1}^{n}\left(z_{ij}-z_j^{+}\right)^2}$，到负理想解的欧氏距离 $d_i^{-}=\sqrt{\sum_{j=1}^{n}\left(z_{ij}-z_j^{-}\right)^2}$。

（8）对关联度 r_i^{+}、r_i^{-} 和欧氏距离 d_i^{+}、d_i^{-} 分别进行无量纲化处理，即 $R_i^{+}=\frac{r_i^{+}}{\max r_i^{+}}$，$R_i^{-}=\frac{r_i^{-}}{\max r_i^{-}}$，$D_i^{+}=\frac{d_i^{+}}{\max d_i^{+}}$，$D_i^{-}=\frac{d_i^{-}}{\max d_i^{-}}$。

（9）将关联度和欧氏距离进行线性加权。设 $S_i^{+}=\alpha R_i^{+}+\beta D_i^{-}$，$S_i^{-}=\alpha R_i^{-}+\beta D_i^{+}$，其中$\alpha$和$\beta$反映了决策者的位置和形状偏好程度，其中$\alpha+\beta=1$，$\alpha$，$\beta\in$（0，1），决策者可根据自己的偏好确定$\alpha$、$\beta$值。$S_i^{+}$表示评价单元与正理想方案的接近程度，其值越大方案越优；S_i^{-}表示评价单元与负理想方案的接近程度，其值越大方案越劣。

（10）令 C_i^{+} 为第i年资源环境承载力接近最优承载力的程度，一般称为相对贴近度，其值介于［0，1］之间，计算方案相对贴近度 $C_i^{+}=\frac{S_i^{+}}{S_i^{+}+S_i^{-}}$，相近贴近度 C_i^{+} 值越大，表明对应年份的资源环境承载力越接近承载力最优水平，方案越优，反则反之。当 C_i^{+}=1时，资源环境承载力最高；当 C_i^{+}=0时，资源环境承载力最低。本书以相对贴近度表示资源环境承载力大小，根据每年的相对贴近度大小可以判断资源环境承载力的高低，确定优劣顺序。

利用已构建的生猪规模养殖资源环境承载力评价体系以及2007—2014年全国相关指标数据，构建原始评价指标矩阵。各项指标属性值分别来源于《中国统计年鉴》《中国农业统计年鉴》《中国农村统计年鉴》《中国环境统计年鉴》《中国畜牧兽医年鉴》。由于数据的量纲和单位均有较大差异，故首先运用极差法对数据进行标准化处理，得到标准化矩阵如下：

$$Y=\begin{bmatrix} 0.049\,1 & 0 & 1 & 0.941\,6 & 0.890\,2 & 0.833\,5 & 0.783\,9 & 0.723\,3 \\ 0.320\,8 & 0.588\,6 & 0.148\,2 & 1 & 0 & 0.785\,8 & 0.567\,9 & 0.462\,6 \\ 0 & 0.288\,2 & 0.283\,4 & 0.434\,6 & 0.690\,0 & 0.869\,2 & 0.978\,2 & 1 \\ 1 & 0.752\,7 & 0.510\,5 & 0.388\,5 & 0.406\,2 & 0.211\,4 & 0.111\,3 & 0 \\ 1 & 0.948\,7 & 0.843\,5 & 0.571\,9 & 0.064\,3 & 0.191\,7 & 0.081\,1 & 0 \\ 1 & 0.852\,3 & 0.666\,0 & 0.488\,9 & 0.328\,5 & 0.176\,9 & 0.094\,6 & 0 \\ 1 & 0.906\,5 & 0.797\,4 & 0.620\,5 & 0.357\,6 & 0.197\,0 & 0.356\,3 & 0 \\ 0.115\,9 & 0.363\,9 & 1 & 0.881\,4 & 0.742\,6 & 0.469\,0 & 0.494\,6 & 0 \\ 0 & 0.255\,6 & 0.455\,6 & 0.588\,9 & 0.555\,6 & 0.777\,8 & 0.877\,8 & 1 \\ 1 & 0.898\,3 & 0.768\,2 & 0.647\,34 & 0.479\,0 & 0.375\,6 & 0.173\,9 & 0 \end{bmatrix}^T$$

其中$i\in\{1，2，\cdots，8\}$表示2007—2014年共计8个评价单元，$j\in\{1，2，\cdots，10\}$表示B_1至B_{10}共计10个评价指标。由熵权法计算可得各指标B_j熵值H_j为：

指标	B_1	B_2	B_3	B_4	B_5	B_6	B_7	B_8	B_9	B_{10}
熵值	0.876	0.878	0.884	0.851	0.787	0.837	0.878	0.870	0.901	0.884

进而得各指标B_i权重ω_i为：

指标	B_1	B_2	B_3	B_4	B_5	B_6	B_7	B_8	B_9	B_{10}
权重	0.091	0.090	0.086	0.110	0.158	0.120	0.090	0.096	0.073	0.086

加权规范化决策矩阵Z为：

$$Z=\begin{bmatrix}0.004\ 5 & 0 & 0.091\ 4 & 0.086\ 0 & 0.0813 & 0.076\ 1 & 0.071\ 6 & 0.066\ 1\\ 0.028\ 9 & 0.053\ 0 & 0.013\ 4 & 0.090\ 1 & 0 & 0.070\ 8 & 0.051\ 2 & 0.041\ 7\\ 0 & 0.024\ 6 & 0.024\ 2 & 0.037\ 1 & 0.056\ 0 & 0.074\ 3 & 0.083\ 6 & 0.855\\ 0.110\ 2 & 0.083\ 0 & 0.056\ 3 & 0.042\ 8 & 0.044\ 8 & 0.023\ 3 & 0.012\ 3 & 0\\ 0.157\ 7 & 0.149\ 6 & 0.133\ 0 & 0.090\ 2 & 0.010\ 1 & 0.030\ 2 & 0.012\ 8 & 0\\ 0.120\ 3 & 0.102\ 5 & 0.080\ 1 & 0.058\ 8 & 0.039\ 5 & 0.021\ 3 & 0.011\ 4 & 0\\ 0.090\ 0 & 0.081\ 6 & 0.071\ 7 & 0.055\ 8 & 0.032\ 2 & 0.017\ 7 & 0.032\ 1 & 0\\ 0.011\ 1 & 0.0349\ 1 & 0.095\ 9 & 0.084\ 6 & 0.071\ 2 & 0.045\ 0 & 0.047\ 4 & 0\\ 0 & 0.018\ 7 & 0.033\ 3 & 0.043\ 1 & 0.040\ 7 & 0.056\ 9 & 0.064\ 2 & 0.073\ 2\\ 0.085\ 8 & 0.077\ 0 & 0.065\ 9 & 0.055\ 5 & 0.041\ 1 & 0.032\ 2 & 0.014\ 9 & 0\end{bmatrix}^T$$

由此可得加权规范化决策矩阵Z的正理想解Z^+和负理想解Z^-分别为：

$$Z^+=\begin{bmatrix}0.091\ 4\\ 0.090\ 1\\ 0.085\ 5\\ 0.110\ 2\\ 0.157\ 7\\ 0.120\ 3\\ 0.090\ 0\\ 0.095\ 9\\ 0.073\ 2\\ 0.085\ 8\end{bmatrix}^T,\quad Z^-=\begin{bmatrix}0\\0\\0\\0\\0\\0\\0\\0\\0\\0\end{bmatrix}^T$$

灰色关联系数矩阵：

$$R^+=\begin{bmatrix}0.344\ 6 & 0.333\ 3 & 1 & 0.895\ 5 & 0.819\ 9 & 0.750\ 2 & 0.698\ 2 & 0.643\ 8\\ 0.424\ 0 & 0.548\ 6 & 0.369\ 9 & 1 & 0.333\ 3 & 0.700\ 0 & 0.536\ 4 & 0.482\ 0\\ 0.333\ 3 & 0.412\ 6 & 0.411\ 0 & 0.469\ 3 & 0.617\ 3 & 0.792\ 6 & 0.958\ 2 & 1\\ 1 & 0.669\ 1 & 0.505\ 3 & 0.449\ 8 & 0.457\ 1 & 0.388\ 0 & 0.360\ 0 & 0.333\ 3\\ 1 & 0.907\ 0 & 0.761\ 6 & 0.538\ 8 & 0.348\ 3 & 0.382\ 2 & 0.352\ 4 & 0.333\ 3\\ 1 & 0.771\ 9 & 0.599\ 5 & 0.494\ 5 & 0.426\ 8 & 0.377\ 9 & 0.355\ 8 & 0.333\ 3\\ 1 & 0.842\ 5 & 0.711\ 6 & 0.568\ 4 & 0.437\ 7 & 0.383\ 7 & 0.437\ 2 & 0.333\ 3\\ 0.361\ 2 & 0.440\ 1 & 1 & 0.808\ 2 & 0.660\ 1 & 0.485\ 0 & 0.497\ 3 & 0.333\ 3\\ 0.333\ 3 & 0.401\ 8 & 0.478\ 7 & 0.548\ 8 & 0.529\ 4 & 0.692\ 3 & 0.803\ 6 & 1\\ 1 & 0.831\ 0 & 0.683\ 2 & 0.586\ 4 & 0.489\ 7 & 0.444\ 7 & 0.377\ 0 & 0.333\ 3\end{bmatrix}^T$$

$$R^{-}=\begin{bmatrix} 0.910\,5 & 1 & 0.333\,3 & 0.346\,8 & 0.357\,0 & 0.374\,9 & 0.389\,4 & 0.408\,7 \\ 0.609\,2 & 0.459\,3 & 0.771\,3 & 0.333\,3 & 1 & 0.388\,9 & 0.468\,2 & 0.519\,4 \\ 1 & 0.634\,4 & 0.638\,2 & 0.535\,0 & 0.420\,2 & 0.365\,2 & 0.338\,3 & 0.333\,3 \\ 0.333\,3 & 0.399\,1 & 0.494\,8 & 0.562\,7 & 0.551\,8 & 0.702\,8 & 0.817\,9 & 1 \\ 0.333\,3 & 0.345\,1 & 0.372\,2 & 0.466\,4 & 0.886\,0 & 0.722\,8 & 0.860\,4 & 1 \\ 0.333\,3 & 0.369\,7 & 0.428\,8 & 0.505\,6 & 0.603\,5 & 0.738\,7 & 0.840\,9 & 1 \\ 0.333\,3 & 0.355\,5 & 0.385\,4 & 0.446\,2 & 0.583\,0 & 0.717\,4 & 0.583\,9 & 1 \\ 0.811\,8 & 0.578\,8 & 0.333\,3 & 0.362\,0 & 0.402\,4 & 0.516\,0 & 0.502\,7 & 1 \\ 1 & 0.661\,8 & 0.523\,3 & 0.459\,2 & 0.473\,7 & 0.391\,3 & 0.362\,9 & 0.333\,3 \\ 0.333\,3 & 0.357\,6 & 0.394\,3 & 0.435\,8 & 0.510\,7 & 0.571\,0 & 0.741\,9 & 1 \end{bmatrix}^{T}$$

得各年份评价单元与正负理想解的灰色关联度 r_i^{+} 、 r_i^{-} 分别为：

$$r_i^{+}=\left(0.679\,7,0.615\,8,0.652\,1,0.636\,0,0.512\,0,0.536\,0,0.537\,6,0.512\,6\right)$$

$$r_i^{-}=\left(0.599\,8,0.516\,1,0.467\,5,0.445\,3,0.579\,1,0.548\,9,0.590\,7,0.759\,5\right)$$

计算得各年份评价单元到正负理想解的欧氏距离 d_i^{+} 和 d_i^{-} 分别为：

$$d_i^{+}=\left(0.176\,5,0.146\,2,0.130\,7,0.135\,5,0.220\,2,0.212\,8,0.234\,9,0.281\,3\right)$$

$$d_i^{-}=\left(0.260\,6,0.239\,5,0.237\,1,0.213\,4,0.152\,3,0.157\,7,0.151\,0,0.137\,0\right)$$

分别对关联度和欧氏距离进行无量纲处理，得：

$$R_i^{+}=\left(1,0.906\,0,0.959\,5,0.935\,7,0.753\,3,0.794\,0,0.791\,0,0.754\,2\right)$$

$$R_i^{-}=\left(0.789\,8,0.679\,6,0.615\,5,0.586\,3,0.762\,5,0.722\,7,0.777\,8,1\right)$$

$$D_i^{+}=\left(0.627\,4,0.519\,8,0.464\,7,0.481\,7,0.783\,0,0.756\,5,0.835\,0,1\right)$$

$$D_i^{-}=\left(1,0.918\,9,0.909\,6,0.818\,7,0.584\,6,0.604\,9,0.579\,5,0.525\,6\right)$$

得：

$$S_i^{+}=\left(1,0.912\,5,0.934\,5,0.877\,2,0.668\,9,0.699\,5,0.685\,2,0.639\,9\right)$$

$$S_i^{-}=\left(0.708\,6,0.599\,7,0.540\,1,0.534\,0,0.772\,7,0.739\,6,0.806\,4,1\right)$$

相对贴近度：

$$C_i^+ = (0.585\ 3, 0.603\ 4, 0.633\ 7, 0.621\ 6, 0.464\ 0, 0.486\ 1, 0.459\ 4, 0.390\ 2)$$

相对贴近度值越大，表示方案越优，将计算所得各年份评价单元贴近度排序：

2014<2013<2011<2012<2007<2008<2010<2009。

图3-2直观展示了生猪规模养殖资源环境承载力的变化趋势。

这说明我国生猪规模养殖资源环境承载力发展虽然有所波动，但从整体上来看呈下降的趋势，这说明我国生猪规模养殖的发展面临的困难越来越大，面临的挑战也越来越多，资源环境越来越难以支撑生猪规模养殖的快速发展。

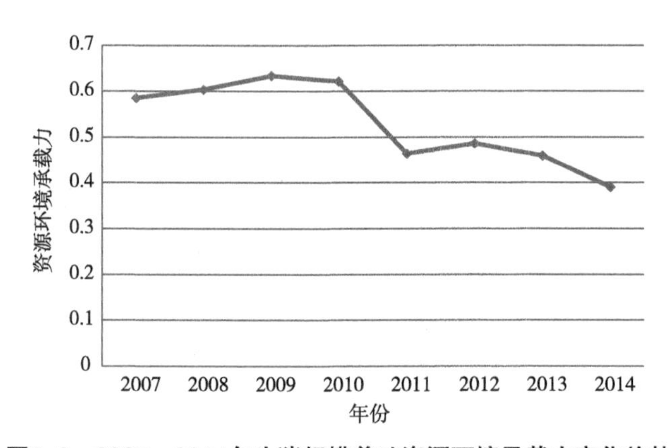

图3-2　2007—2014年生猪规模养殖资源环境承载力变化趋势

为了更加深入分析生猪规模养殖资源环境承载力变化趋势，下面进一步计算3个子系统承载力的变化情况。从计算结果来看，资源承载力和社会经济承载力均出现了一定的波动，但是从整体上来看，并未出现明显下降的情况，资源承载力还出现了一定的上升。这主要与养殖技术的进步、从业人员技能的进步、政府政策的积极引导等都有密切关系。例如，虽然农业从业人员数量一直在下降，但是随着从业人员知识水平、相关技能的普遍提高，反而为规模养殖提供了更好的人力资源支持，但是不可忽略的一点是，专业养殖技术与管理人才不足仍然是制约当前生猪规模养殖环境效率提升的软肋；乡镇畜牧兽医站的数量出现了一定的波动，但是随着服务水平的增加，能够为生猪规模养殖提供更好的技术支持；生猪规模养殖需要消耗大量的水资源，且养殖总量的持续增加使得水资源消耗量进一步增大，近年来，高架网床等技术的普及，使得生猪规模养殖需水量降低幅度可达80%左右，因此，我国紧张的水资源并未成为限制生猪规模养殖发展的瓶颈。所以虽然近年来生猪规模养殖出栏数持续增加，但是资源承载力和社会经济承载力并未出现明显的下降现象，说明仍然可以为生猪规模养殖的发展提供强有力的支持。

环境承载力持续下降，说明当前的污染状况已经对生猪规模养殖的发展造成了极大的限制。虽然近年来我国污水无害化处理技术已经达到一定的高水平，但是对于养殖场来说，污水处理设备比较老旧，养殖场经济能力有限难以更新设备，环保设施污染物处理能力与养殖规模不相匹配，环保设施存在滞后性已是普遍现象，或者由于周边土地资源有限无法完全吸纳污染物质；另一方面，污水无害化处理具有一定的正外部性效应，养殖场并未获得相应的补偿，因此养殖场保护环境的意愿也不会那么强，地方政府对养殖的监管也难以完全有效，因此，养殖场在环境保护上存在较大欠缺，致使污染物质的排放总量持续增加，而污染治理成效显现较慢，所以环境承载力持续下降。值得注意的是，工业及生活废水、工业废气的排放也在一定程度上降低了环境承载力，进一步压缩了生猪规模养殖的发展空间。造成生猪规模养殖资源环境承载力下降的主要因素是环境承载力的持续降低，这已经成了生猪规模养殖可持续发展的关键制约因素。

本章小结

本章首先利用耦合协调度模型测算了2000—2015年我国农业技术进步与农业环境水平之间的耦合度与耦合协调度的变化趋势，并对我国各省（区、市）耦合度与耦合协调度进行了对比分析。其次对我国区域生猪规模养殖情况进行分析，最后对我国各地区的生猪规模养殖的环境效率和资源环境承载力进行了测算，主要结论如下。

第一，我国农业技术进步与农业环境水平耦合度经历了颉颃、磨合、高水平耦合阶段；我国农业技术进步与农业环境水平已处于高水平耦合与高度耦合协调的“双高”状态。

第二，我国农业环境水平呈现“U”形变化趋势，在2013年度过了“拐点”；我国农业技术进步整体上处于上升状态；将变化趋势结合来看，在2000—2009年两者呈现反向耦合关系，2013—2015年呈现正向耦合关系。

第三，多数地区处于高水平耦合以及中度耦合协调阶段，仅有江苏、浙江、山东、天津、黑龙江处于高度耦合协调；各地区的耦合协调度值均小于耦合度值，表明在我国各地区主要问题是未较好的实现农业技术进步和农业环境水平的协调发展；综合来看，各地区间农业技术进步和环境水平存在一定的区域差异性，江苏、浙江、山东等东部地区农业技术领先于我国其他地区，而我国西南部、西部、华北、东北部农业环境水平优于我国中部及东部地区。

第四，从2004—2015年，大、中、小规模养殖环境效率从整体上看均呈现增长的状态，中规模养殖的环境效率平均值最高，小规模养殖的环境效率平均值最低。中等规模的生猪养殖是最值得推广的养殖类型。

第五，我国生猪规模养殖资源环境承载力发展呈下降状态，进一步计算3个子系统承载力的变化情况表明，资源承载力和社会经济承载力未出现明显下降的情况，环境承载力的持续下降是导致资源环境承载力降低的根本原因。

第四章 基于环境税率动态调整的企业环境行为分析

4

生猪养殖是我国农村传统支柱产业，是拉动农村经济增长、促进农民增收、延伸农业产业链的重要力量，在我国农村经济系统中具有重要的战略地位。生猪规模养殖是生猪养殖业发展的必然趋势，对我国生猪养殖业和畜牧业都具有重要的意义。在中央政府出台一系列环境政策下，我国生猪规模养殖环境效率在逐步提升，然而环境承载力的逐步下降又使得生猪规模养殖必须进一步降低污染物排放水平，因此，改善生猪规模养殖企业环境行为、降低生猪规模养殖的污染水平势在必行。本章从行为经济学的视角，定量化研究环境税率的动态调整对企业环境行为的作用机制，探究提升生猪规模养殖企业环境行为的对策及政策建议。

第一节 环境保护政策工具简述

目前，环境保护方面的政策工具主要有两种：强制控制方法，如政府制定环境质量标准等；市场化方法，主要包括环境税、排污许可证交易制度等。两种方法各有特点，下面进行简要的梳理。

一、政府直接管制

政府直接管制是以直接管制与行政命令为主，政府直接制定宏观政策或监督微观环境，在制度实施过程中发挥主要作用。环境管制是社会管制的一项重要内容，目的在于达到保持环境和经济发展的相互协调。传统的环境管制政策工具大致可以分为3类：一是命令控制性措施；二是经济激励型措施，主要包括收取污染税、可交易的污染许可证制度；三是社会公众的自我控制型措施。在环境管制过程中，一般有两种方式：规定投入物的最低标准和规定产出物的最高数量。环境直接管制的形式主要有以下4种：①制定环境标准，环境标准规定了某些介质可以承受的污染物浓度，主要是确立最高可污染标准；②制定技术标准，技术标准确定了满足要求的技术的详细规格，约束企业自行决定生产工艺或治理技术，便于监管部门检测；③制定排放标准，排放标准针对各个污染源设定，用于决定各个污染源排放的最高限度；④制定绩效标准，环境绩效标准具有多种形式，一般是为企业设置排污水平的底线，企业自行选择治污技术，前提是能够产生同样的环境绩效。

近年来，环境问题的复杂化以及政府职能的转型，使得政府直接管制想要有效满足日益严格的环境保护要求变得越来越困难，主要表现在以下4个方面：①政府直接管制制定准确的环保标准极为困难。能够获得企业排污情况及环境质量的充分信息是政府直接管制有效性发挥的前提。边际私人纯收益和边际外部成本信息往往是企业的私有信息，政府难以知悉，所制定的环境标准和处罚标准也较易偏离效率要求。②政府直接管制缺乏灵活性。政府在确定环境标准后很难更改，对环境状况的变化及新技术的应用缺乏灵活性和应变性。③政府直接管制制定的统一标准缺乏效率。政府环境管制的统一标准难以全面考虑不同地区、不同企业之间的差异，造成政府环境标准执行的效率低下以及严重的资源浪费等问题。④政府自身的局限性。以社会公共利益为出发点对市场运行进行公正无私的调控是政府有效干预市场的一个重要条件，然而实际上政府往往是表现出“经济人”特征，以追求自身利益最大化为目的很容易被某些利益集团所“俘虏”，反而成为利益集团谋取利益的工具。

二、市场化方法

（一）排污收费制度

排污收费制度，是指政府按照污染物的种类、数量和浓度，依据法定的征收标准，对向环境排放污染物或者超过法定排放标准的排污者征收费用的制度。排污收费制度在我国已有了几十年的发展。1978年12月31日，中共中央批准了国务院环境保护领导小组的《环境保护工作汇报要点》，首次正式提出实施排污收费制度。1979年9月颁布的《中华人民共和国环境保护法（试行）》明确规定了排污收费制度。1982年2月5日，国务院批准并发布了《征收排污费暂行办法》，这是排污收费制度在中国正式建立的标志。1993年8月15日，国家计委和财政部联合发出《关于征收污水排污费的通知》，对不超标的污水排放征收排污费，首次在排污收费中体现了总量控制的思想。

排污收费制度的优点主要有以下两点：①激励企业降低污染。排污收费制度的目的是用排污费用反映每单位排放物对环境造成的损失，厂商依据收费标准制定符合自身利益最大化的生产行动决策。在一般情况下，只要污染物的单位处理成本低于对单位污染物排放费用，削减污染就可以节约单位控制成本和单位污染物排放收费之间的差额，那么企业会主动削减他们的排污量。②有利于筹集环境保护资金。排污收费制度可以通过收取排污费来筹集环保资金，为污染的控制和消减提供经济支持。排污收费收入一般被用于集中治理污染、研究新的削减技术等。具体来说，排污收费收入可以为设计环境政策和建设相应的机构提供支撑，也可以用于影响环保结果的技术方面。这能有效地促进公众对排污收费制度的接受程度，也能加速实施那些清洁环境的项目。

排污收费制度具有一系列的优点，但同时也存在局限性。第一，确定合理的排污收费标准极为困难。对排污者征收的费用应该等于给社会造成的损失，从而使其私人成本等于社会成本。如果排污收费标准小于排污者的污染治理成本，则达不到促使排污者减少排污的作用。但是基于自身收益最大化的考虑，企业一般不会主动向政府汇报其治理污染的技术水平和成本信息，信息不对称使政府很难准确把握企业治污的成本并制定合理的排污费标准，只能通过试错法来确定排污收费的标准。第二，排污收费制度不利于鼓励企业进一步防污治污。污染者只支付污染控制达到排污标准式的费用，即达标控制成本，而不需要支付标准内排污所造成的损害。当企业将其排污量控制在限定标准之内的时候，一般不会再增加支出去进一步治理污染，对达到排放标准的企业激励不足是排污收费制度的一大局限。第三，寻租行为的存在。按照公共选择理论，政府是由具有“经济人”特征的主体组成的，带有“经济人”特性。作为理性逐利人，政府在实施排污收费政策过程中可能出现“寻租”现象，企业可以少交甚至不交排污费，从而导致政策失灵。

（二）环境保护税

自从“可持续发展”的概念在20世纪80年代被明确提出以来，至今已发展成为比较完整的理论体系，并被国际社会普遍接受。在可持续发展理论的指导下，联合国于1992年召开了环境与发展大会，通过了《21世纪议程》等重要文件，确定了全球性可持续发展战略目标及其实现途径。很多国家也相继制定出本国的可持续发展战略。由于环境的污染和不断恶化已成为制约社会经济可持发展的重要因素，因而，保护环境就成为可持续发展战略的一项重要内容。

然而，在市场经济体制下，环境保护问题是无法靠市场本身来解决的。因为市场并非万能的，对于经济发展所带来的诸如环境保护等“外部性”问题，它是无能为力的。其原因在于，在市场经济条件下经济活动主体完全根据自身经济利益最大化的目标决定自己的经济行为，他们往往既不从全局考虑宏观经济效益，也不会自觉地考虑生态效率和环境保护问题。因而，那些高消耗高污染、内部成本较低而外部成本较高的企业或产品会在高额利润的刺激下盲目发展，从而造成资源的浪费、环境的污染和破坏，降低宏观经济效益和生态效率。对此，市场本身是无法进行自我矫正的。为了弥补市场的缺陷，政府必须采取各种手段对经济活动进行必要的干预。除通过法律和行政等手段来规范经济活动主体的行为之外，还应采用税收等经济手段进行宏观调控。税收作为政府筹集财政资金的工具和对社会经济生活进行宏观调控的经济杠杆，在环境保护方面是大有可为的。首先，针对污染和破坏环境的行为课征环境保护税无疑是保护环境的一柄“双刃剑”。它一方面会加重那些污染、破坏环境的企业或产品的税收负担，通过经济利益的调节来矫正纳税人的行为，促使其减轻或停止对环境的污染和破坏；另一方面又可以将课征的税款作为专项资金，用于支持环境保护，在其他有关税种的制度设计中对有利于保护环境和治理污染的生产经营行为或产品采取税收优惠措施，可以引导和激励纳税人保护环境、治理污染。可见，在市场经济条件下，环境税收是政府用以保护环境、实施可持续发展战略的有力手段。

公平竞争是市场经济的最基本法则。但是，如果不建立环境税收制度，个别企业所造成的环境污染就需要用全体纳税人缴纳的税款进行治理，而这些企业本身却可以借此用较低的个别成本，达到较高的利润水平。这实质上是由他人出资来补偿个别企业生产中形成的外部成本，显然是不公平的。通过对污染、破坏环境的企业征收环境保护税，并将税款用于治理污染和保护环境，可以使这些企业所产生的外部成本内在化，利润水平合理化，同时会减轻那些合乎环境保护要求的企业的税收负担，从而可以更好地体现“公平”原则，有利于各类企业之间进行平等竞争。由此可见，建立环境税收制度完全合乎市场经济运行、发展的需要。环境税收的产生，既是源于人类保护环境的直接需要，也是市场经济的内在要求。而且市场经济体制使经济活动主体所拥有的独立经济利益和独立决策权利又是环境税收能够充分发挥作用的基础条件。环境税收首先诞生于高度发达的市场经济国家，恰好证明了这一点。

环境保护税（以下简称环境税），也被称为绿色税、生态税，国内外至今尚未有统一的概念。环境税可以分为广义环境税和狭义环境税。狭义环境税是基于污染者付费原则向污染者征税，理论依据是环境外部性和庇古税理论，即向环境污染征税使得外部性内部化，以消除外部成本产生的效率损失，例如排污税、碳税。广义环境税指由污染者付费原则扩大到使用者付费原则，即由环保等机关向受益者或使用者征税，以促使消费者减少有潜在污染的产品的消费数量，理论依据是资源环境价值与定价理论。

环境税对改善环境污染具有良好的功效，还具有“双重红利”效应。相比于排污费，环境税不仅囊括了排污费的优点，还解决了排污费存在的两个问题。第一，税收具有强制性，而且征收更加的规范与透明，这在很大程度上避免了排污费征收中存在的“寻租”行为，杜绝排污费的协议征收、违规挪用现象，不仅可以增加排污税的收入，还可以通过税收的再分配提升排污税的资金使用效率。第二，排污费制度是当企业将污染水平控制在污染限度之内时可不缴纳排污费，对企业进一步治污激励不足，环境税按照排污量征税，可以为企业提供持续的治污及技术进步的动力。环境税对企业短期内的影响主要是增加了企业的生产成本，使得企业通过减少生产规模控制污染排放量或者提高产品价格转嫁成本，而在竞争性市场中，提高价格意味着会降低企业的供给水平。在长期内，企业会倾向于通过技术投入降低单位产出的污染排放量或提高单位排污规模的产出效率以消除征税带来的不利影响，这可定义为环境税对企业技术进步的影响效应，此外，环境税的征收范围相比于排污费制度也更为广泛和全面。

相比于政府直接管制，环境税具有弹性较大等优势，环境税是通过改变比价来促使污染者承担起自身行为对环境造成的影响，政府直接干预往往是“一刀切”，很难做到区别情况区别对待。环境税具有以上诸多优点，但是也存在诸多问题。第一，环境税税率难以准确制定。要制定合理的环境税税率，政府须准确了解企业的治污成本，然而由于信息的不对称性，政府难以知晓企业的私有信息，这与制定排污费费率面临的困境相同。第二，税基的制定。环境污染往往是多种污染物综合作用的结果，有必要确定合理的环境税的税基。然而由于环境污染的复杂性以及同一污染物在不同环境下的不同表现等原因，致使确定税基在现实中是一个难题。现实中的一些做法是建立差别税率体系，但是完善的差别税率体系的管理成本很高，也可能会因为公平原因遭到政治上的反对。第三，在现实执行中，环境税存在一些问题，例如，由于本身固有的监督和执行特性，环境税不适合规制那些特定时间、特定地点、某种特定的产品（例如杀虫剂）而产生的污染。

在环境税制的建设和设计时，要结合中国具体国情，积极借鉴这几年来国际上已经成熟的经验，探索一条适合中国现阶段社会经济发展特点的环境税制改革之路。例如，在发挥环境税制倍加红利对经济结构优化作用的同时，要考虑中国就业压力巨大和社会收入分配不均衡的实际国情，适当发挥其促进就业和调节收入再分配的效用。

环境的恶化不但直接影响着中国人民的生存质量，而且制约着中国社会经济的协调发展。通过开征环境税来筹措专门的环境保护费用固然很重要，但更应该重视发挥环境税的倍加红利作用，在运用经济手段消除外部不经济的同时，也应该利用税收工具刺激外部经济，减轻合乎环境保护要求的企业所承受的税收负担。因此，环境税制的完善过程不能脱离本国的国情。不切实际的高标准环境税制会阻碍经济的发展，最终导致环境保护水平的下降。环境税制的建设还应该与税制改革的总体方向和发展进程相协调。

环境税法律制度作为协调经济发展与环境保护关系的重要制度，源起于对各种环境问题根源的深刻揭示与反思求解，正式诞生在可持续发展的全球战略背景下，体现了用税收手段来促进环境保护、实现可持续发展的新思维。环境税最早实施于经济合作与发展组织（OECD）成员国中，尤以北欧国家为典型代表，并逐渐形成了世界范围内的“税制绿化”现象。

经过较长时期的发展，环境税已经演进成为比较成熟的一项法律制度。并且在全球性环境危机步步紧逼的形势下，环境税法律制度正处于蓬勃发展中，其重要性也在不断彰显。中国当前也正面临着严重的环境问题，环境与发展之间的矛盾冲突已达十分紧张的程度。然而，在国外取得良好效果的环境税，在中国还处于刚刚开始尝试、尚未有效加以利用的状况。如何运用环境税这一手段来保护环境、实现环境与发展的均衡协调，已成为中国环境法和税法发展的时代性主题，具有十分重大的理论意义和实践价值。

第二节　环境税率动态调整下的企业环境行为分析

相比于OCED成员国，我国环境税起步较晚。2016年12月25日，《中华人民共和国环境保护税法》正式通过，于2018年1月1日起施行，这表明实施30多年的排污费制度已经退出历史舞台。环境保护税法的总体思路是由“费”改“税”，即按照“税负平移”原则，实现排污费制度向环保税制度的平稳转移。环境税率是“费改税”中的一个重要议题，现行的排污费费率标准较低，环境税率在排污费费率的基础上进行上调已达成共识。“费改税”以及税率的调整将对于生猪规模养殖企业的生产成本产生一定的影响。这是因为，地方政府往往对规模养殖企业不征收排污费或者仅征收部分排污费，导致外部性成本无法完全内部化养殖企业的生产成本中，因此，排污费制度未能充分起到规制生猪规模养殖企业环境行为的作用；随着“费改税”以及税率的上浮，规模养殖企业缴纳大量环境税已不可避免，随着排污成本的提升，生猪规模养殖企业环境行为必然发生改变。排污企业的环境行为具有可观测性，故可以从组织行为的视角，利用演化博弈理论，通过对当地政府和排污企业策略选择交互作用的分析，研究如何通过环境税率的调整来提升生猪规模养殖企业环境行为。本节首先建立了环境税率不变下的政府、企业双方演化博弈模型作为对比基准，然后对均衡点的稳定性进行了分析。

一、博弈的假设与设定

政府、企业双方博弈基于以下基本假设。

假设1：地方政府和排污企业各自均有两种策略：政府可以对企业选择监测策略或者不监测策略；企业可以选择采取完全治污策略或者不完全治污策略。

假设2：排污企业是地方主要的经济价值创造者和环境污染者。地方经济水平由排污企业的经济收益体现，地方环境污染水平由排污企业的污染当量体现。

假设3：对于地方政府来说，上级政府对其的绩效考核评价结果也是其重要收益之一。上级政府对地方政府的绩效考核包括两个指标：经济指标和环境指标。由于地方的经济水平由排污企业的经济收益体现，地方的环境污染水平由排污企业的排污量体现，因此绩效考核的评价结果应与排污企业的经济收益正相关、与排污企业的排污量负相关。

为了方便表述，对参数作出以下设定，见表4-1。

表4-1 模型变量及其含义

变量	含义
C	企业完全治污成本
Q	企业的产污污染当量
θ	环境税率（每污染当量）
N	企业完全治污获得良好声誉
S	不治污承受声誉损失
λ	企业初始治污投入力度（$0\leqslant\lambda<1$）
D	政府监测企业成本
α	上级政府对地方政府进行考核时的经济指标权重
β	上级政府对地方政府进行考核时的环境指标权重

进一步，假定企业初始治污投入力度为λ时（即不完全治污），其投入治污成本为λC，污染当量为（1-λ）Q单位，缴纳环保税为（1-λ）$Q\theta$，承受声誉损失（1-λ）S。当λ=0时，即指企业选择了完全不治污策略。

二、环境税率不变下政府、企业博弈的支付矩阵

企业和政府的支付矩阵如表4-2所示。

表4-2 企业、政府支付矩阵

政府与企业	企业完全治污	企业不完全治污
政府监测	$-C+N$；$-D+\alpha(-C)$	$-\lambda C-(1-\lambda)Q\theta-(1-\lambda)S$；$-D+(1-\lambda)Q\theta+\alpha\left[-\lambda C-(1-\lambda)Q\theta\right]-\beta(1-\lambda)Q$
政府不监测	$-C$；$\alpha(-C)$	$-\lambda C$；$\alpha(-\lambda C)-\beta(1-\lambda)Q$

假设初始时刻，政府选择监测策略的概率为P_1，选择不监测策略的概率为$1-P_1$；企业选择完全治污策略的概率为P_2，选择不完全治污策略的概率为$1-P_2$。

设政府监测期望收益为E_{11}，不监测期望收益为E_{12}，平均收益为E_1，则：

$$E_{11}=P_2\left[-D+\alpha(-C)\right]+(1-P_2)\begin{Bmatrix}-D+(1-\lambda)Q\theta-\beta(1-\lambda)Q\\+\alpha\left[-\lambda C-(1-\lambda)Q\theta\right]\end{Bmatrix}$$

$$E_{12}=P_2\alpha(-C)+(1-P_2)\left[\alpha(-\lambda C)-\beta(1-\lambda)Q\right]$$

$$E_1=P_1E_{11}+(1-P_1)E_{12}$$

企业完全治污期望收益为E_{21}，不完全治污期望收益为E_{22}，平均收益为E_2，则：

$$E_{21}=P_1(-C+N)+(1-P_1)(-C)$$

$$E_{22}=P_1\left[-\lambda C-(1-\lambda)Q\theta-(1-\lambda)S\right]+(1-P_1)(-\lambda C)$$

$$E_2=P_2E_{21}+(1-P_2)E_{22}$$

政府、企业的复制动态方程为：

$$\begin{cases}\dfrac{dP_1}{dt}=P_1\left(E_{11}-E_1\right)=P_1\left(1-P_1\right)\left[(1-\alpha)(1-\lambda)Q\theta-D-P_2(1-\alpha)(1-\lambda)Q\theta\right]\\ \dfrac{dP_2}{dt}=P_2\left(E_{21}-E_2\right)=P_2\left(1-P_2\right)\left\{P_1\left[N+(1-\lambda)Q\theta+(1-\lambda)S\right]-(1-\lambda)C\right\}\end{cases} \tag{4-1}$$

式（4-1）的雅可比矩阵为：

$$J=\begin{pmatrix}(1-2P_1)\left[(1-\alpha)(1-\lambda)Q\theta(1-P_2)-D\right] & P_1(1-P_1)\left[-(1-\alpha)(1-\lambda)Q\theta\right]\\ P_2(1-P_2)\left[N+(1-\lambda)(Q\theta+S)\right] & (1-2P_2)\left\{P_1\left[N+(1-\lambda)(Q\theta+S)\right]-(1-\lambda)C\right\}\end{pmatrix}$$

三、均衡点稳定性分析

为使政府、企业的收益更符合实际，考虑以下情况：当政府选择监测策略时，迫于声誉损失和缴纳环境税的压力，企业会选择完全治污策略，因此设定当政府监测时，企业选择完全治污策略收益大于选择不完全治污策略收益；同理，设定在企业选择不完全治污策略时，政府监测策略的收益大于不监测策略的收益。由此可得下述不等式：

$$N+(1-\lambda)Q\theta+(1-\lambda)S>(1-\lambda)C \tag{4-2}$$

$$(1-\alpha)(1-\lambda)Q\theta>D \tag{4-3}$$

结合式（4-2）、式（4-3）得式（4-1）具有5个均衡点：（0，0），（0，1），（1，0），（1，1），（P_1，P_2），其中，

$$P_1=\frac{(1-\lambda)C}{N+(1-\lambda)Q\theta+(1-\lambda)S},\quad P_2=\frac{(1-\alpha)(1-\lambda)Q\theta-D}{(1-\alpha)(1-\lambda)Q\theta}$$

根据均衡点稳定性分析方法：若均衡点的雅可比矩阵行列式值为正、迹值为负，即$detJ>0$且$trJ<0$，则该均衡点是稳定的，对应演化稳定策略，若雅可比矩阵行列式值为负，则此均衡点为鞍点。由此对式（4-1）的均衡点稳定性进行分析，结果见表4-3。

表4-3　式（4-1）均衡点稳定性分析

均衡点	$detJ$	正负性	trJ	正负性	稳定性
(0，0)	$-[(1-\alpha)(1-\lambda)Q\theta-D](1-\lambda)C$	负	$(1-\alpha)(1-\lambda)Q\theta-D-(1-\lambda)C$	不定	鞍点
(0，1)	$-D(1-\lambda)C$	负	$-D+(1-\lambda)C$	不定	鞍点
(1，0)	$-[(1-\alpha)(1-\lambda)Q\theta-D][N+(1-\lambda)(Q\theta+S-C]$	负	$-[(1-\alpha)(1-\lambda)Q\theta-D]+[N+(1-\lambda)(Q\theta+S-C]$	不定	鞍点
(1，1)	$-D[N+(1-\lambda)(Q\theta+S-C)]$	负	$-D[N+(1-\lambda)(Q\theta+S-C)]$	不定	鞍点
(P_1, P_2)	$P_2(1-P_2)[N+(1-\lambda)(Q\theta+S)]\times P_1(1-P_1)[(1-\alpha)(1-\lambda)Q\theta]$	正	0		不稳定点

式（4-1）在静态环境税率下不存在稳定均衡点，双方初始选择的不同以及演化过程中的随机扰动都会使系统的发展出现偏离，这就给地方政府的管理带来了很大的困难，也就是说，一成不变的环境税率无法使得系统朝向稳定的方向发展。因此，对该系统进行优化是十分必要的。

四、环境税率动态调整下企业环境行为分析

增大环境税率是迫使企业改变其环境策略选择的一个重要方式。环境污染水平与企业选择完全治污策略的概率是负相关的，即企业选择完全治污策略的概率越高，污染水平就越低，为了体现对企业的激励，此时环境税率也应减小。本书由此提出环境税率动态调整公式，表达式如下：

$$\theta^* = (n - P_2)\theta \tag{4-4}$$

其中，n为地方政府设定的环境税征收强度。由于增大环境税率是迫使企业改变策略的一个重要方式，故动态环境税率不应低于静态环境税

率，即$\theta^* \geqslant \theta$，即$\forall P_2 \in [0, 1]$，都有$n-P_2 \geqslant 1$，故$n \geqslant 1$。用$\theta^*$替代式（4-1）中的$\theta$，由此可得优化后系统的复制动态方程：

$$\begin{cases} \dfrac{dP_1}{dt} = P_1(E_{11}-E_1) = P_1(1-P_1)\left[(1-\alpha)(1-\lambda)Q\theta(n-P_2)(1-P_2)-D\right] \\ \dfrac{dP_2}{dt} = P_2(E_{21}-E_2) = P_2(1-P_2)\left\{P_1\left[N+(1-\lambda)S+(1-\lambda)Q\theta(n-P_2)\right]-(1-\lambda)C\right\} \end{cases} \tag{4-5}$$

式（4-5）具有5个均衡点：（0，0），（0，1），（1，0），（1，1），(P_1^*, P_2^*)，其中，

$$P_1^* = \frac{(1-\lambda)C}{N+(1-\lambda)S+(1-\lambda)Q\theta(n-P_2^*)}$$

$$P_2^* = \frac{n+1-\sqrt{(n-1)^2+\dfrac{4D}{(1-\alpha)(1-\lambda)Q\theta}}}{2}$$

对5个均衡点进行稳定性分析，结果如表4-4所示。

表4-4　式（4-5）的均衡点稳定性分析

均衡点	*detJ*	正负性	*trJ*	正负性	稳定性
（0，0）	$[(1-\alpha)(1-\lambda)Q\theta n-D][-(1-\lambda)C]$	负	$(1-\alpha)(1-\lambda)Q\theta n-D-(1-\lambda)C$	不定	鞍点
（0，1）	$-D(1-\lambda)C$	负	$-D+(1-\lambda)C$	不定	鞍点
（1，0）	$-[(1-\alpha)(1-\lambda)Q\theta n-D][N+(1-\lambda)(S+Q\theta n-C]$	负	$-[(1-\alpha)(1-\lambda)Q\theta n-D]+[N+(1-\lambda)(S+Q\theta n-C)]$	不定	鞍点
（1，1）	$-D\begin{bmatrix}N+(1-\lambda)Q\theta(n-1) \\ +(1-\lambda)S-(1-\lambda)C\end{bmatrix}$	负	$D-\begin{bmatrix}N+(1-\lambda)Q\theta(n-1) \\ +(1-\lambda)S-(1-\lambda)C\end{bmatrix}$	不定	鞍点

（续表）

均衡点	$detJ$	正负性	trJ	正负性	稳定性
$\left(P_1^*, P_2^*\right)$	$-\begin{bmatrix} N+(1-\lambda)S+(1-\lambda) \\ Q\theta\left(n-P_2^*\right) \end{bmatrix}$ $P_2^*\left(1-P_2^*\right)(1-\alpha)(1-\lambda)Q\theta$ $P_1^*\left(1-P_1^*\right)\left[2P_2^*-(n+1)\right]$	正	$P_2^*\left(1-P_2^*\right)\left[-(1-\lambda)Q\theta P_1^*\right]$	负	稳定点

式（4-5）在环境税率动态调整机制下具有一个稳定均衡点$\left(P_1^*, P_2^*\right)$，对应着演化稳定策略。由此可以看出，该调整机制能够有效抑制演化过程中的波动，使系统的演化达到稳定均衡状态，也就是说，当地政府应需要根据排污企业治污策略的选择（即环境水平）对环境税率进行适当调整：环境水平较高，政府应降低税率以示对企业的激励；环境水平较低，政府应提高税率以示对企业的惩罚。

排污企业采取完全治污策略的概率P_2可以通过对排污企业群体策略选择的观测获得，静态环境税税率θ和环境税率征收强度n可以由政府根据当地的经济水平、环境规划目标等进行设定，因此，相比于现有文献，本书提供了一个具有一定可操作性的定量化的环境税率动态调整机制；此外，从稳定均衡点的表达式还可以看出，即使环境税率及时调整也难以杜绝企业的污染行为（即$P_2^* \neq 1$），这也是符合现实情况的，说明还需要其他措施的共同作用来改善企业的环境行为。优化的意义在于使得企业的环境行为的发展具有一定的规律，从而便于政府的管理。

第三节　基于演化博弈流率入树的仿真分析

为了直观的展示该调整机制的效果，下面利用系统动力学方法进行数值实验。本书采用Vensim软件进行系统建模，依据流率入树基本原理，可将演化博弈动态复制系统中任意微分方程。

$$\begin{cases} R_1(t)=\dfrac{\mathrm{d}P_1}{\mathrm{d}t}=f_1\left[P_1(t),\ P_2(t),\ \cdots,\ P_n(t),\ e_1(t),\ e_2(t),\ \cdots,\ e_m(t)\right] \\ R_2(t)=\dfrac{\mathrm{d}P_2}{\mathrm{d}t}=f_2\left[P_1(t),\ P_2(t),\ \cdots,\ P_n(t),\ e_1(t),\ e_2(t),\ \cdots,\ e_m(t)\right] \\ \vdots \\ R_n(t)=\dfrac{\mathrm{d}P_n}{\mathrm{d}t}=f_n\left[P_1(t),\ P_2(t),\ \cdots,\ P_n(t),\ e_1(t),\ e_2(t),\ \cdots,\ e_m(t)\right] \end{cases}$$

均可视为以流率变量 $R_n(t)=\dfrac{\mathrm{d}P_n}{\mathrm{d}t}$ 为根，以流位变量 $P_n(t)$ 为尾，且流位变量和外生变量直接控制流率变量的流率基本入树模型，则该演化博弈流位流率系即为

$$\left\{\left[P_1(t),\ R_1(t)\right],\ \left[P_2(t),\ R_2(t)\right],\ \left[P_n(t),\ R_n(t)\right]\right\}$$

建立式（4-1）流率入树模型如图4-1所示。

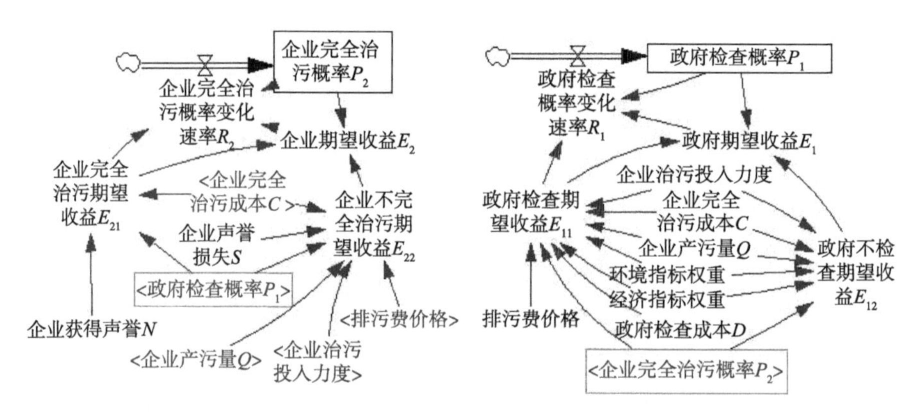

（a）未优化下的企业策略选择流率入树图　　（b）未优化下的政府策略选择流率入树图

图4-1　环境税率不变下的企业、政府博弈系统流图

参数设定如下：λ=0.6，Q=50，N=S=10，C=40，α=0.6，β=0.4，D=10，n=2，静态环境税率按照国家现行的排污费标准1.4元/每污染当量计，步长为0.01。

由图4-2可以看出，在未优化的系统中，政府、企业的策略选择是波动的，且幅度越来越大，难以达到稳定状态。下面对式（4-1）进行优化，这里参数保持不变，仅将环境税率动态调整机制加入未优化的政府、

企业博弈系统流图中，优化后的系统即式（4-5）流图如图4-3所示。

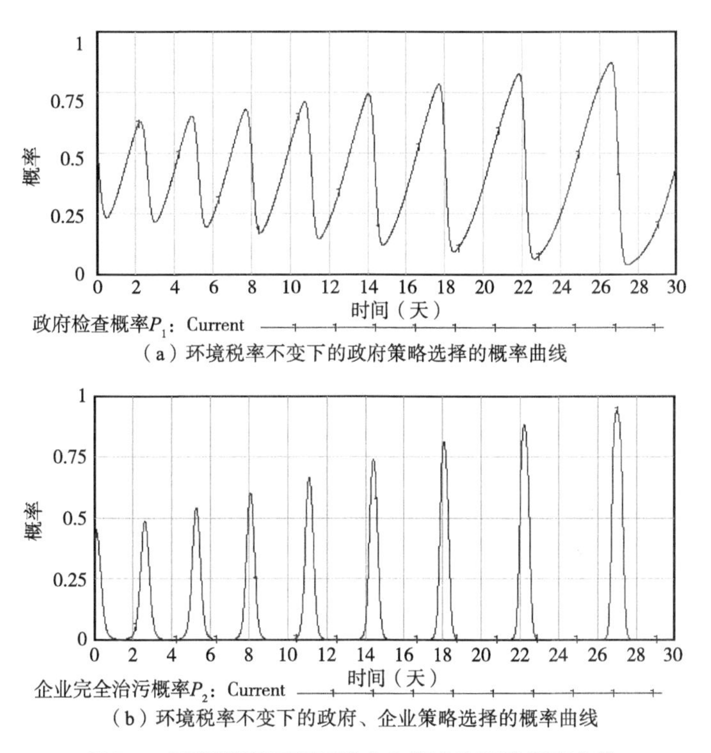

（a）环境税率不变下的政府策略选择的概率曲线

（b）环境税率不变下的政府、企业策略选择的概率曲线

图4-2　环境税率不变下的企业策略选择的概率曲线

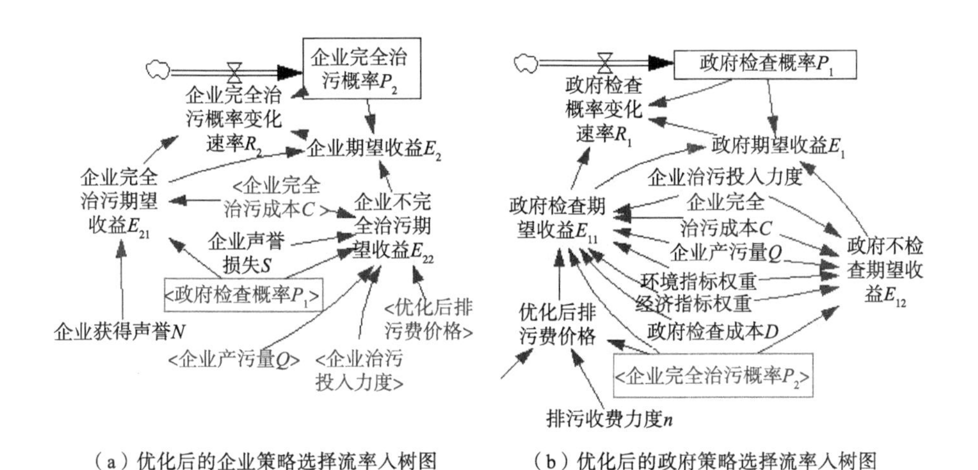

（a）优化后的企业策略选择流率入树图　　（b）优化后的政府策略选择流率入树图

图4-3　环境税率动态调整下的政府、企业博弈系统流图

仿真结果如下：

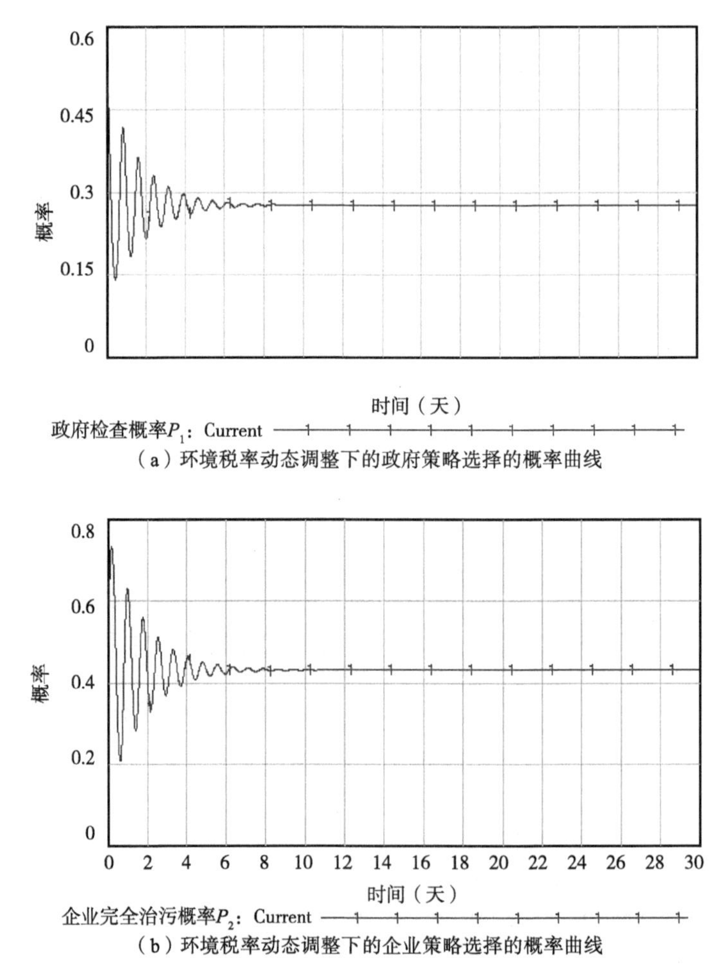

（a）环境税率动态调整下的政府策略选择的概率曲线

（b）环境税率动态调整下的企业策略选择的概率曲线

图4-4　环境税率动态调整下的政府、企业策略选择的概率曲线

由图4-4可以看出，在环境税率动态调整机制的优化下，政府和企业的策略选择的波动越来越小，在时间=10后稳定于稳定均衡点（0.274，0.43）且不再有变化，即达到了演化稳定策略。但是注意到此时企业完全治污概率仅为0.43，即在企业群体中，仅有43%的企业采取了完全治污策略，这并不是一个理想的演化稳定策略。为了使演化稳定策略朝向理想的方向转化，有必要对稳定均衡点的解析式进行进一步的分析。

由 P_1^*, P_2^* 的解析式可知，该稳定均衡点 $\left(P_1^*, P_2^*\right)$ 的取值主要受到政府监测成本D、上级政府对地方政府绩效考核中经济指标权重α、企业产污污染当量Q、环境税征收强度n、企业初始治污投入力度λ等的共同影响，下面对各参数进行分析。

推论1：降低政府监测成本会提高政府监测概率、提高企业完全治污概率

由 $\frac{\partial P_1^*}{\partial D}<0$ ，$\frac{\partial P_2^*}{\partial D}<0$可以看出，随着政府监测成本的降低，政府会增大对企业进行监测的概率，企业会提高采取完全治污策略的概率。

由于生猪规模养殖企业地理位置的特点，政府对其的监管难度较高，监管成本较大，需采用多主体、多方位的监管方式，降低监管成本，从而规制生猪规模养殖企业环境行为。

推论2：降低经济指标权重会提高政府监测概率、提高企业完全治污概率

由 $\frac{\partial P_1^*}{\partial \alpha}<0$ ，$\frac{\partial P_2^*}{\partial \alpha}<0$ 可以看出，上级政府对地方政府绩效考核中经济指标权重α越大，地方政府只重经济不重环境的思想往往越严重，放松了对排污企业的监测，排污企业进而会降低采取完全治污策略的概率，地方环境遭到极大的破坏。要改变地方政府的“唯GDP论”思想，上级政府乃至中央政府要发挥其绩效考核评价指标的引导作用。因此，需要适当降低经济指标权重α、提升环境指标权重β。

生猪规模养殖企业主要位于乡镇地区，经济相对落后，环境容量相对较大，对于地方政府而言，经济发展需求较大，往往会存在为了发展经济而放松了对规模养殖企业的监管。上级政府在评价地方政府绩效时，应逐步降低经济指标的权重，引导地方政府不仅仅重视GDP数据，更应重视GDP的绿色含金量，加强对生猪规模养殖企业环境行为的监管。

推论3：提高环境税征收强度会降低政府监测概率、提高企业完全治污概率

由 $\frac{\partial P_1^*}{\partial n}<0$ ，$\frac{\partial P_2^*}{\partial n}>0$ 可以看出，随着环境税征收强度n的增大，企业为了避免缴纳巨额环境税，增大了采取完全治污策略的概率，而政府采取监测策略的概率在减小，这是因为此时企业采取完全治污策略的概率增大，政府监测出企业存在污染的可能性变小，而监测还需要付出较大的监

测成本，政府此时会倾向于选择不监测策略。但是过于严厉的惩罚是不具有实际意义的，因此还需与其他影响因素共同作用来达到理想的稳定均衡点。

生猪规模养殖企业为社会提供了稳定的生肉来源，但是由于其市场风险大，而生产周期长的特性又进一步放大了市场风险，使得生猪规模养殖企业的收益非常不稳定。在制定针对生猪规模养殖企业应税污染物的种类时，应考虑生猪规模养殖企业发展的实际情况，再逐步增加应税污染物种类，提升环境税征收强度，切不可盲目的通过征收高强度的环境税，达到节约监管成本和规制生猪规模养殖企业环境行为的目的。

推论4：产污污染当量与政府监测概率成反比、与企业完全治污概率成正比

由$\frac{\partial P_1^*}{\partial Q}<0$，$\frac{\partial P_2^*}{\partial Q}>0$可以看出，随着企业产污污染当量的增加，企业采取完全治污策略的概率在增大，政府对企业监测的概率在降低。一般来说，在同一时期，企业产污污染当量与其生产规模是正相关的，因此也可以说，排污企业采取完全治污策略的概率与其生产规模成正相关关系。这表明在生产技术等不变的情况下，企业的环境行为会随着生成规模的扩大而逐步改善，而政府更加侧重于对小规模企业的监管。

推论5：初始治污投入力度与政府监测概率成反比、与企业完全治污概率成反比

由$\frac{\partial P_1^*}{\partial \lambda}<0$，$\frac{\partial P_2^*}{\partial \lambda}<0$可以看出，随着初始状态时企业治污投入力度的减小，政府选择监测的概率在增大，企业选择完全治污的概率在增大，这就是说，对于那些在初始状态治污力度较低的企业，政府会对其进行严格监测，最终这些企业选择完全治污策略的概率反而较大；对于那些在初始状态治污力度较高的企业，政府会放松对其进行监测，最终这些企业选择完全治污策略的概率反而较低。

对于生猪规模养殖企业而言，在建厂时需投入大量资金用于沼气工程、管道铺设等污染物处理设备上，但这并不能说明规模养殖企业能够充分运用这些污染物处理设备来避免周边环境污染；相反的，这类规模养殖企业由于在初期较好的环境行为反而更容易避开政府的监管，在养殖场运营的过程中逐步降低环境水平，最终稳定于一个较低水平的环境行为。

本章小结

本章首先对我国的环境规制工具进行了阐述，其次从组织行为的角度，利用演化博弈理论，构建了地方政府、排污企业策略选择交互作用下的演化博弈模型，通过对模型演化稳定策略的分析，发现环境税率动态调整可以对政府、企业演化过程中的波动进行稳定性控制。与此同时，还发现仅依靠环境税率的及时调整并不能促使企业采取完全治污行为，还需要其他措施的共同作用来改善企业的治污策略选择，进而对演化稳定策略的影响因素进行了分析。主要结论如下。

一是静态环境税率不利于从长期的角度规制企业的环境行为；而环境税率动态调整能够有效抑制政府、企业博弈过程中的波动，使系统的演化到达稳定状态。

二是适当降低经济指标权重、提高环境指标权重可以有效提高地方政府采取监测策略的概率以及排污企业采取完全治污策略的概率。

三是提高环境税率征收强度、降低政府监测成本是提高企业采取完全治污策略概率的有效措施。

四是排污企业采取完全治污策略的概率与其产污污染当量成正比、与初始治污投入力度成反比。

第五章　考虑偷排行为下的规模养殖企业排污行为分析 5

本书在第四章考虑了环境税率动态调整下排污企业治污策略选择，研究了如何通过政策优化促使企业采取完全治污策略。事实上，促使企业采取完全治污策略是一个渐进的过程，需逐步提升不完全治污企业的治污水平，最终达到完全治污。对于不完全治污的企业而言，需将部分污染物排出，因此，要提升不完全治污企业的治污水平，有必要分析不完全治污企业的污染物排放行为特征。本章在第四章的基础上，将不完全治污的企业排污行为作为研究对象，考虑当前存在的企业污染物偷排现象，探讨提升不完全治污企业的排放水平的有效途径。针对规模养殖企业排污征税问题，《中华人民共和国环境保护税法实施条例》（以下简称《实施条例》）有明确的规定，达到省级人民政府确定的规模标准并且有污染物排放口的畜禽养殖场，应当依法缴纳环境保护税；依法对畜禽养殖废弃物进行综合利用和无害化处理的，不属于直接向环境排放污染物，不缴纳环境保护税。针对有污染物排放口的畜禽养殖场，地方政府按照其上报的污染物排放数据进行征税，故政府对排污企业的监管主要体现在对上报数据的真实性进行核实；而针对没有污染物排放口的畜禽养殖场，地方政府对畜禽养殖场的监管主要体现对偷排等非法排污行为的监督方面，因此，针对有无污染物排放口的畜禽养殖场，地方政府的监管方式是不同的，有必要将有污染物排放口和无污染物排放口的畜禽养殖场的排污行为分别进行研究。

第一节　有污染物排放口的企业排污行为分析

针对有污染物排放口的排污企业，我国环境税法规定企业需正确安装达标的污染源监测设备。该设备是一种环境监测内容，主要采用环境监测手段确定污染物的排放来源、排放浓度、污染物种类等，为控制污染源排放和环境影响评价提供依据，是政府规制排污企业污染物排放的重要手段，也是征收环境税的依据。然而，由于在地方政府与排污企业之间存在着信息不对称问题，某些企业采用多种技术手段干扰自动监控系统或篡改排污数据，或者采用暗管排放的方式避开污染源监测系统，从而将污染物偷排。2016年，浙江省杭州市环境保护局等单位查办了8起典型污染源自动监控设施及数据弄虚作假案件并依法对违法企业予以处罚。江苏省盐城市HF生物农业股份有限公司多次利用暴雨时机及清下水管道长期偷排高浓度废水，该非法排污行为被群众举报，经相关部门查处并于2018年4月20日被中华人民共和国生态环境部通报。类似的非法排污案件在全国各地屡见不鲜。

顾鹏认为违法排污收益过高、监管不严格会促使企业违法排污。甄美荣指出，需降低地方政府严格监督的成本，并加大对地方政府不严格监督的问责、降低企业达标排污的成本、加大对排污企业的监督强度和非法排污惩罚力度。梁平汉基于我国287个城市市长和城市的匹配数据，实证结果表明地方领导任期越长、法制环境越差，地方政府和污染企业越容易“合谋”，从而放松对企业非法排污行为的监管。Vollaard对船舶非法排放油污行为的研究结果表明，被抓住的微小机会和轻微的惩罚都会对非法排污行为产生重大影响。Alessio对意大利固体废弃物处理进行研究，发现更严格的废物处理政策往往会增加废物的非法处置；检查数量与非法处置数量之间存在非线性关系，威慑可能仅在实施相对较高的控制水平之后才会产生。企业的污染物偷排行为具有一定的隐蔽性，不仅对我国环境造成了严重的破坏，也对政府的监管工作带来了更高的难度，已成了地方政府监管中的工作难点，势必会对地方政府监管行为产生影响。事实上，在每个纳税周期内，企业都既有可能合法排污也有可能非法排污，政府决定是否对企业上报的污染物数据进行核实，双方在进行单次博弈；从全部纳税周期来看，双方需多次博弈，决策相互作用，为了探究企业排污行为的决策规律，有必要对偷排行为下政府、企业的多次相互作用机理进一步研究，探求企业排污行为的决策规律。

本节先对博弈的假设与设定进行描述，进而构建双方博弈收益矩阵，进一步构建由排污企业和地方政府（以下简称政府）构成的两方演化博弈模型，分析其系统均衡点的稳定性。

一、博弈的假设与参数

环境税法规定，纳税人应当在排放应税污染物的当日向应税污染物排放地的税务机关申报缴纳环境保护税。达到污染物排放标准且如实向税务部门申报纳税的排污行为，本书称为合法排污行为。然而，某些企业违法改动污染源监控设备或者通过暗道排污，使得污染源监控设备采集到的企业排污量低于实际的排污量，部分污染物以偷排的形式流出，不仅存在偷税行为，还存在非法排污行为，对于政府而言，可以对企业上报的应税污染物数据进行审查。因此，排污企业和政府各自均有两种策略选择：企业可以选择合法排污或者非法排污策略；政府可以选择采取审查或者不审查策略。

企业生产所产生的污染物当量为Q，每当量污染物的完全治污成本为d。在合法排污的企业中，排放水平也有所差异。《实施条例》制定了针对大气污染物和水污染物的具体的税收减征政策，根据税收减征政策，本书将达到减按50%征收环境税标准的企业定义为高治污水平企业，减征率为h_1，将达到减按75%征收环境税标准的企业定义为良好治污水平企业，减征率为h_2，对于达不到减征税收标准的合法排污企业，本书将其定义为一般治污水平企业，地方政府所征收的税率为r，即为基准税率。

高治污水平企业污染物去除率为F_1，则所投入的治污成本可表示为dF_1Q，污染物的排放量为（$1-F_1$）Q，所缴纳的环境税额为（$1-F_1$）Qh_1r；良好治污水平企业污染物去除率为F_2，则所投入的治污成本可表示为dF_2Q，污染物的排放量为（$1-F_2$）Q，所缴纳的环境税额为（$1-F_2$）Qh_2r；一般治污水平企业污染物去除率为F_3，则所投入的治污成本可表示为dF_3Q，污染物的排放量为（$1-F_3$）Q，所缴纳的环境税额为（$1-F_3$）Qr。假设高治污水平企业、良好治污水平企业在合法治污企业群体中所占比例分别为λ_1、λ_2。

为鼓励企业提升其治污水平，假定地方政府会按照高水平治污企业治污成本进行补贴，补贴率为η。对于企业上报的排污数据，地方政府若进行审查需付出审查成本C。对于企业的非法排污行为，若地方政府未进行审查，则意味着地方政府存在“不作为”的过失，需承担“不作为”带来的量化损失N，例如地方政府公信力以及被上级地方政府发现后在升迁机会等方面的损失。

在非法排污的企业中，假设污染物去除率为F_4，则所投入的治污成本可表示为dF_4Q，污染物的排放量为（$1-F_4$）Q。由于地方政府监管中存在信息不对称，使得企业存在隐藏其真实排放量和治污水平的动机，假设污染物排放量中被上报的比例为λ_3，则偷排的比例为（$1-\lambda_3$），$0\leqslant\lambda_3<1$。

假设企业群体中采取“合法排污”策略的比例为P_1，则选择“非法排污”策略的比例为$1-P_1$；地方政府群体中采取“审查”策略的比例为P_2，则选择“不审查”策略的比例为$1-P_2$；其中$0\leqslant P_1$，$P_2\leqslant 1$。

由于企业的非法排污行为具有一定的隐蔽性与随机性，使得地方政府存在未检查出企业非法排污行为的可能性。审查的成功率一方面与地方政府的监管技能a（$0\leqslant a\leqslant 1$）正相关；另一方面，当前社会公众的监督行为已经是环境保护工作中的一支重要力量，因此，还应与社会公众的监督技能b（$0<b\leqslant 1$）正相关。此外，地方政府审查主要是采取抽查的形式，因此成功审查的概率还应与企业群体中选择“合法排污”策略的比例负相关，即企业群体中非法排污的企业占比越少，对于地方政府而言越难以准确定位，那么审查的成功率也越低。借鉴文献中对地方政府检查成功率的表述，将地方政府审查成功的概率定义为$P=(1-P_1)a^{\alpha}b^{\beta}$，为了简化模型，本书令$\alpha$和$\beta$均为1。若企业的非法排污行为被地方政府成功发现，按照《实施条例》的规定将会按照企业的产污量征税，同时，针对企业偷排量，地方政府会进行相应的行政处罚，设该行政处罚的单位量化收益为θ，则企业的收益为$-dF_4Q-Q(1-F_4)(1-\lambda_3)\theta-Qr$，若企业的非法排污行为未被地方政府查获，则企业仅需按照其上报的排污量进行纳税，此时企业的收益为$-dF_4Q-Q(1-F_4)\lambda_3 r$，由此可得，当地方政府选择审查策略时，企业非法排污的期望收益为$-dF_4Q-[Q(1-F_4)(1-\lambda_3)\theta+Qr]ab(1-P_1)-Q(1-F_4)\lambda_3 r[1-ab(1-P_1)]$。

二、企业、政府博弈的支付矩阵

由上述得排污企业和地方政府策略交往的支付矩阵，如表5-1所示。

表5-1　排污企业、地方政府策略交往的支付矩阵

企业	地方政府	
	地方政府审查	地方政府不审查
企业合法排污	$\lambda_1[-dF_1Q(1-\eta)-Q(1-F_1)h_1r]$ $+\lambda_2[-dF_2Q-Q(1-F_2)h_2r]$ $+(1-\lambda_1-\lambda_2)[-dF_3Q-Q(1-F_3)r]$ $\lambda_1Q(1-F_1)h_1r+\lambda_2Q(1-F_2)h_2r$ $+(1-\lambda_1-\lambda_2)Q(1-F_3)r-\lambda_1dF_1Q\eta-C$	$\lambda_1[-dF_1Q(1-\eta)-Q(1-F_1)h_1r]$ $+\lambda_2[-dF_2Q-Q(1-F_2)h_2r]$ $+(1-\lambda_1-\lambda_2)[-dF_3Q-Q(1-F_3)r]$ $\lambda_1Q(1-F_1)h_1r+\lambda_2Q(1-F_2)h_2r$ $+(1-\lambda_1-\lambda_2)Q(1-F_3)r-\lambda_1dF_1Q\eta$
企业非法排污	$-dF_4Q-[Q(1-F_4)(1-\lambda_3)\theta+Qr]ab(1-P_1)$ $-Q(1-F_4)\lambda_3r[1-ab(1-P_1)]$ $[Q(1-F_4)(1-\lambda_3)\theta+Qr]ab(1-P_1)$ $+Q(1-F_4)\lambda_3r[1-ab(1-P_1)]-C$	$-dF_4Q-Q(1-F_4)\lambda_3r$ $Q(1-F_4)\lambda_3r-N$

设企业采取合法排污策略的期望收益为E_{11}，采取非法排污策略的期望收益为E_{12}，群体平均收益为E_1，则：

$$E_{11}=\lambda_1[-dF_1Q(1-\eta)-Q(1-F_1)h_1r]+\lambda_2[-dF_2Q-Q(1-F_2)h_2r] \\ +(1-\lambda_1-\lambda_2)[-dF_3Q-Q(1-F_3)r]$$

$$E_{12}=-P_2[Q(1-F_4)(1-\lambda_3)\theta+Qr-Q(1-F_4)\lambda_3r]ab(1-P_1)-[dF_4Q+Q(1-F_4)\lambda_3r]$$

$$E_1=P_1E_{11}+(1-P_1)E_{12}$$

设地方政府采取审查策略的期望收益为E_{21}，采取不审查策略的期望收益为E_{22}，群体平均收益为E_2，则：

$$E_{21}=P_1[\lambda_1Q(1-F_1)h_1r+\lambda_2Q(1-F_2)h_2r+(1-\lambda_1-\lambda_2)Q(1-F_3)r-\lambda_1dF_1Q\eta-C] \\ +(1-P_1)\{[Q(1-F_4)(1-\lambda_3)\theta+Qr]ab(1-P_1)+Q(1-F_4)\lambda_3r[1-ab(1-P_1)]-C\}$$

$$E_{22}=P_1\begin{bmatrix}\lambda_1Q(1-F_1)h_1r+\lambda_2Q(1-F_2)h_2r \\ +(1-\lambda_1-\lambda_2)Q(1-F_3)r-\lambda_1dF_1Q\eta\end{bmatrix}+(1-P_1)[Q(1-F_4)\lambda_3r-N]$$

$$E_2 = P_2 E_{21} + \left(1 - P_2\right) E_{22}$$

则企业、地方政府策略选择的复制动态方程为

$$\begin{cases} \dfrac{\mathrm{d}P_1}{\mathrm{d}t} = P_1\left(E_{11} - E_1\right) = P_1\left(1 - P_1\right)\left[P_2 A\left(1 - P_1\right) - B\right] \\ \dfrac{\mathrm{d}P_2}{\mathrm{d}t} = P_2\left(E_{21} - E_2\right) = P_2\left(1 - P_2\right)\left[A(1 - P_1)^2 + N(1 - P_1) - C\right] \end{cases} \tag{5-1}$$

其中，

$$A = \left[Q(1 - F_4)(1 - \lambda_3)\theta + Qr - Q(1 - F_4)\lambda_3 r\right]ab \text{ ,}$$

$$\begin{aligned} B = {} & \lambda_1\left[dF_1 Q(1 - \eta) + Q(1 - F_1)h_1 r\right] + \lambda_2\left[dF_2 Q + Q(1 - F_2)h_2 r\right] \\ & + (1 - \lambda_1 - \lambda_2)\left[dF_3 Q + Q(1 - F_3)r\right] - \left[dF_4 Q + Q(1 - F_4)\lambda_3 r\right] \end{aligned}$$

进而得式（5-1）的雅可比矩阵为

$$J = \begin{pmatrix} (1 - 2P_1)\left[P_2 A\left(1 - P_1\right) - B\right] - P_1\left(1 - P_1\right)P_2 A & P_1\left(1 - P_1\right)^2 A \\ -P_2\left(1 - P_2\right)\left[N + 2A\left(1 - P_1\right)\right] & \left(1 - 2P_2\right)\left[A(1 - P_1)^2 + N(1 - P_1) - C\right] \end{pmatrix}$$

三、均衡点稳定性分析

为使企业、地方政府的相互作用关系更符合实际情况，对两者的收益做出以下设定。在企业选择非法排污策略时，地方政府选择审查策略下的收益大于选择不审查策略下的收益，这与当前中国各地方政府日益提升的检查力度这一情况是相符合的；在地方政府选择审查策略时，企业选择合法排污下的收益大于选择非法排污下的收益，否则，即使地方政府采取了审查策略，企业仍然进行非法排污，这表明地方政府已无法有效改善企业的环境行为，与现实不符；由此可得以下不等式成立：

$$A + N - C > 0 \tag{5-2}$$

$$A - B > 0 \tag{5-3}$$

令$\begin{cases}\dfrac{dP_1}{dt}=0\\ \dfrac{dP_2}{dt}=0\end{cases}$，对均衡点进行求解分析。

补贴率$\eta>1+\left\{\begin{matrix}\lambda_1(1-F_1)h_1r+\lambda_2\left[dF_2+(1-F_2)h_2r\right]\\ +(1-\lambda_1-\lambda_2)\left[dF_3+(1-F_3)r\right]-\left[dF_4+(1-F_4)\lambda_3r\right]\end{matrix}\right\}\bigg/\lambda_1dF_1$

时，有$B<0$，即当地方政府选择不审查策略时，企业选择合法排污的收益仍大于选择非法排污策略下的收益，得式（5-1）具有4个纯策略均衡点：（0，0），（0，1），（1，0），（1，1）。根据Friedman提出的均衡点稳定性判断方法，均衡点处的雅可比矩阵行列式值$detJ>0$、迹$trJ<0$。对上述4个均衡点的稳定性进行分析，结果如表5-2所示。

表5-2　$B<0$时式（5-1）均衡点稳定性分析

均衡点	$detJ$	符号	trJ	符号	稳定性
（0，0）	$-B(A+N-C)$	+	$-B+A+N-C$	+	不稳定
（0，1）	$-(A-B)(A+N-C)$	–	$C-N-B$	不定	不稳定
（1，0）	$-BC$	+	$B-C$	–	稳定
（1，1）	BC	–	$B+C$	不定	不稳定

由表5-2可以得出，当地方政府对高水平治污企业的补贴率$\eta>1+\left\{\begin{matrix}\lambda_1(1-F_1)h_1r+\lambda_2\left[dF_2+(1-F_2)h_2r\right]\\ +(1-\lambda_1-\lambda_2)\left[dF_3+(1-F_3)r\right]-\left[dF_4+(1-F_4)\lambda_3r\right]\end{matrix}\right\}\bigg/\lambda_1dF_1$时，企业、地方政府的最终稳定状态是（1，0），即企业选择合法排污，地方政府选择不审查。地方政府补贴对企业排污选择起着关键作用。

补贴率$\eta<1+\left\{\begin{matrix}\lambda_1(1-F_1)h_1r+\lambda_2\left[dF_2+(1-F_2)h_2r\right]\\ +(1-\lambda_1-\lambda_2)\left[dF_3+(1-F_3)r\right]-\left[dF_4+(1-F_4)\lambda_3r\right]\end{matrix}\right\}\bigg/\lambda_1dF_1$

时，有$B>0$，即当地方政府选择不审查策略时，企业选择合法排污的收益低于选择非法排污策略下的收益，得式（5-1）具有5个均衡点：（0，0），（0，1），（1，0），（1，1），$\left(P_1^*,P_2^*\right)$，其中$P_1^*=1-\dfrac{\sqrt{N^2+4AC}-N}{2A}$，

$P_2^*=\dfrac{2B}{\sqrt{N^2+4AC}-N}$。对上述5个均衡点进行稳定性分析，如表5-3所示。

表5-3　$B>0$时式（5-1）均衡点稳定性分析

均衡点	$detJ$	符号	trJ	符号	稳定性
（0，0）	$-B(A+N-C)$	−	$-B+A+N-C$	不定	不稳定
（0，1）	$-(A-B)(A+N-C)$	−	$C-N-B$	不定	不稳定
（1，0）	$-BC$	−	$B-C$	不定	不稳定
（1，1）	BC	+	$B+C$	+	不稳定
(P_1^*, P_2^*)	$P_1^*(1-P_1^*)^2 AP_2^*(1-P_2^*)$ $[N+2A(1-P_1^*)]$	+	$-P_1^*(1-P_1^*)P_2^*A$	−	稳定

由表5-3的均衡点稳定性分析可以看出，当$B>0$时，排污企业、地方政府演化的最终结果是稳定于混合策略(P_1^*, P_2^*)，即排污企业以P_1^*的概率选择合法排污，地方政府以P_2^*的概率选择审查。这一结果表明，当补贴率较低时，在排污企业自主申报、地方政府核实这一制度下，环境税法的实施难以完全规制企业的环境行为，仍会有部分企业存在非法排污行为，但可促使企业的策略选择达到稳定状态，通过对相关参数的调整可以促使企业的策略选择向理想状态演进，从而实现企业环境行为的逐步提升，下面对相关参数进行分析探讨。

四、演化稳定策略影响因素分析

由稳定均衡策略(P_1^*, P_2^*)的表达式可以看出，该稳定均衡点的变化受到多个参数的影响，因此有必要对这些参数进行分析，从而准确把握稳定均衡点(P_1^*, P_2^*)的变化情况。

推论1：企业选择合法排污策略的比例与上报量占排污量比重λ_3负相关。

由$\dfrac{\partial P_1^*}{\partial \lambda_3}=-\dfrac{[Q(1-F_4)\theta+Q(1-F_4)r](N^2+2AC-N\sqrt{N^2+4AC})}{2A^2\sqrt{N^2+4AC}}<0$，由

此可以看出，上报量占排污量比重越大的企业最终选择合法排污策略的比例越低，上报量占排污量比重越小的企业最终选择合法排污策略的比例反而越高。这主要是由于在排污量一定的情况下，偷排量低的企业的违法行为较为隐蔽，不易被察觉，而偷排量大的企业的违法行为更容易被发现，监管的难度也较低，因此最终群体中选择合法排污策略的比例也会较高。这就是说，相比于明显的非法排污行为，那些偷排量低的非法排污行为更具有隐蔽性，是更加普遍的违法行为。随着当前环保政策以及地方政府监管越来越严格，将会有越来越多的非法排污企业从偷排量大等较为明显的非法排污行为转为偷排量小等更为隐蔽的非法排污行为，因此，在对企业的监管中，应将监管重心放在加强对较为隐蔽的非法排污行为的查处。

推论2： 当上报量占排污量比重 $\lambda_3 > \frac{\theta}{\theta + r}$ 时，企业选择合法排污策略的比例与污染物去除率F_4正相关；$\lambda_3 \leqslant \frac{\theta}{\theta + r}$，企业选择合法排污策略的比例与污染物去除率$F_4$负相关。

P_1^* 对F_4求导，得 $\frac{\partial P_1^*}{\partial F_4} = \frac{[Q\lambda_3 r - Q(1-\lambda_3)\theta](N^2 + 2AC - N\sqrt{N^2 + 4AC})}{2A^2\sqrt{N^2 + 4AC}}$，

当 $\lambda_3 > \frac{\theta}{\theta + r}$ 时，$\frac{\partial P_1^*}{\partial F_4} > 0$，当 $\lambda_3 \leqslant \frac{\theta}{\theta + r}$ 时，$\frac{\partial P_1^*}{\partial F_4} \leqslant 0$。由此可以看出，当非法排污企业的偷排量占比（偷排量占排污量的比重）高于 $\frac{\theta}{\theta + r}$ 时，提升非法排污企业的污染物去除率并不会促进其环境行为，而当把非法排污企业的偷排量占比控制在 $\frac{\theta}{\theta + r}$ 之内时，提升非法排污企业的污染物去除率才会促进其环境行为。这就是说，偷排量占比具有一个阈值，对于非法排污的企业，提升其污染物去除率并不一定能促使其选择合法排污行为，而在将企业的偷排量占比控制在阈值内的基础上提升企业的污染物去除率，才能促使企业采取合法排污策略，提升其环境行为。

由于上述参数对地方政府策略选择 P_2^* 的作用机制较为复杂，下面采用数值分析的方法进行探讨。

五、数值仿真分析

安徽省是中部六省之一，正处于快速推进工业化进程的发展阶段，与此同时环境保护工作必然面临严峻的挑战。安徽省坚定不移贯彻新发展理念，充分发挥生态环境保护的引导、优化和促进作用，认真落实长三角区域一体化生态环境保护规划，持续优化环评审批服务，切实加强事中事后监管。推动各市编制“三线一单”（生态环境保护红线、环境质量底线、资源利用上线和生态环境准入清单），探索“三线一单”成果落地作用，安徽省地方政府已出台了多项环境污染防治法规及意见，例如，安徽省人民地方政府2016年关于印发安徽省水污染防治工作方案的通知。由于化学需氧量（COD）为污水中的最主要污染物，本书以安徽省排污企业水污染物化学需氧量（COD）为例进行算例分析。

安徽省于2018年1月1日开征环境保护税，应税水污染物适用税额为每污染当量1.4元，纳税人排放应税水污染物的浓度值低于国家和地方规定的污染物排放标准30%的，减按75%征收环保税；低于50%的，减按50%征收环保税，因此，$r=1.4$，$h_1=0.5$，$h_2=0.75$。2016年底，安徽省工业等非居民污水处理费为不低于1.4元/t，以化学需氧量（COD）为例，排污企业只能将浓度在1 000mg/L以内的COD污水排入污水处理厂，而COD的污染当量值为1kg，经折算可得，污水处理厂处理每污染当量COD收取的污水处理费为1.4元，由于污染物完全治污成本为企业的私有信息，难以获得，因此本书以污水处理费来替代企业每污染当量的完全治污成本，即$d=1.4$。关于污染物去除率F_1、F_2、F_3，需分别满足应税水污染物的浓度值低于国家和地方规定的污染物排放标准30%及低于50%，因此，设定$F_1=0.9$，$F_2=0.8$，$F_3=0.7$。其他参数设定如下：$\lambda_1=0.1$，$\lambda_2=0.3$，$\lambda_3=0.6$，$\theta=7$，$F_4=0.5$，$\eta=0.3$。设排污企业、地方政府初始状态下（TIME=0）策略选择$P_1=0.6$，$P_2=0.5$。下面利用系统动力学方法进行数值分析。

由图5-1可以看出，在环境税法与相关实施条例的作用下，安徽省排污企业、地方政府的博弈过程具有一个演化稳定策略（0.734 9，0.965 4）。在当前中央和地方政府严格的环境政策下，安徽省各地方政府以0.965 4的高概率进行审查，排污企业以0.734 9的概率选择合法排污，即有73.49%的企业选择合法排污，在地方政府付出审查成本的严格监管下，企业非法排污行为仍然大量存在，这显然是一个还有待进一步优化的双方策略选择。

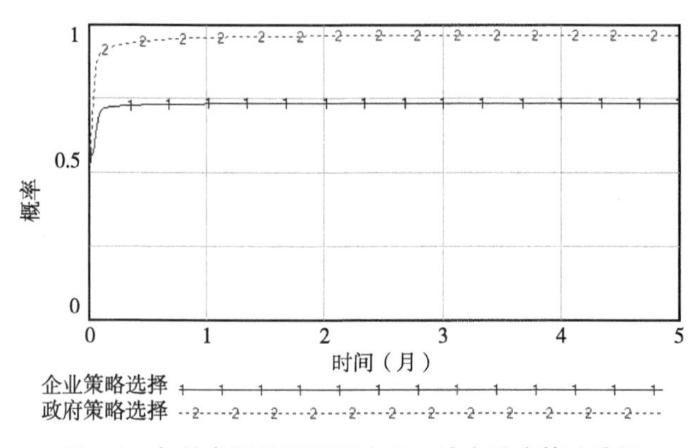

图5-1　初始参数值下排污企业、地方政府策略选择

从图5-2中可以看出，在其他参数不变的情况下，随着非法排污企业污染物上报量占排放量比重λ_3从0.6增加到0.7，地方政府采取审查策略的概率从企业采取合法排污策略的概率从0.965 4降低到了0.773 6，企业采取合法排污策略的概率从0.734 9降低到了0.713 7。这表明，随着企业偷排量的降低，地方政府采取检查策略的概率也在降低，这可能是因为监管偷排量较小的企业难度更大且政绩等方面的收益较小，对于企业而言，偷排量较小的非法排污行为更容易逃脱地方政府审查，因此，企业采取合法排污策略的比例在降低，0.021 2%的企业从合法排污转向了小偷排量的非法排污行为。

由推论2可知，当$\lambda_3>0.833$时，企业采取合法排污策略的概率与污染物去除率F_4正相关，当$\lambda_3<0.833$时，企业采取合法排污策略的概率与污染物去除率F_4负相关。在给定λ_3及不同F_4取值下，企业、地方政府的策略选择如图5-3所示。其中，图5-3a和图5-3b分别为$\lambda_3=0.7$时，不同F_4取值下的企业、地方政府策略选择；图5-3c和图5-3d分别为$\lambda_3=0.84$时，不同F_4取值下的企业、地方政府策略选择。由图5-3a和图5-3b可以看出，$\lambda_3=0.7$当时，随着F_4从0.5提升到0.66，地方政府采取审查策略的概率从0.773 6降低到了0.502 8，企业采取合法排污策略的概率从0.713 7降低到

了0.702 9，这说明当企业偷排量占比高于阈值16.7%（λ_3<0.833）时，随着污染物去除率F_4的增大，地方政府降低审查概率的同时，企业也降低了选择合法排污策略的概率。由图5-3c和图5-3d可以看出，当λ_3=0.84时，随着F_4从0.5提升到0.66，地方政府选择审查策略的概率从0.420 0降低到了0.220 2，企业采取合法排污策略的概率从0.672 0增长到了0.672 9，这说明当企业偷排量占比低于阈值16.7%（λ_3>0.833）时，随着污染物去除率F_4的增大，地方政府降低审查概率的同时，企业仍增大了选择合法排污策略的概率。由此可见，应在将企业的偷排量占比控制在阈值之内的基础上提高非法排污企业污染物去除率F_4，才能在地方政府降低审查概率的同时促使企业采取合法排污策略。

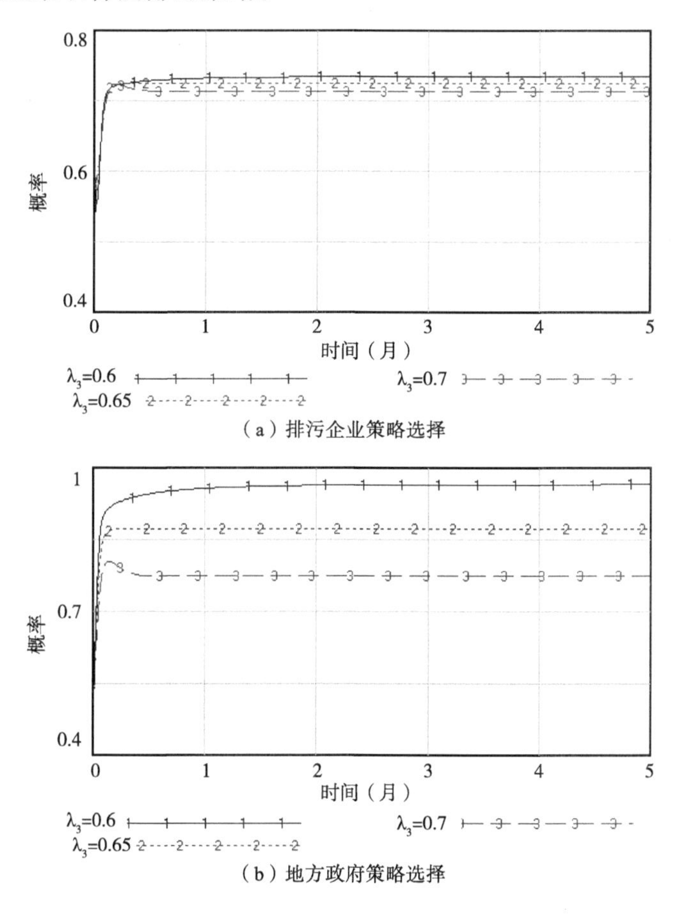

图5-2　不同λ_3下的排污企业、地方政府策略选择

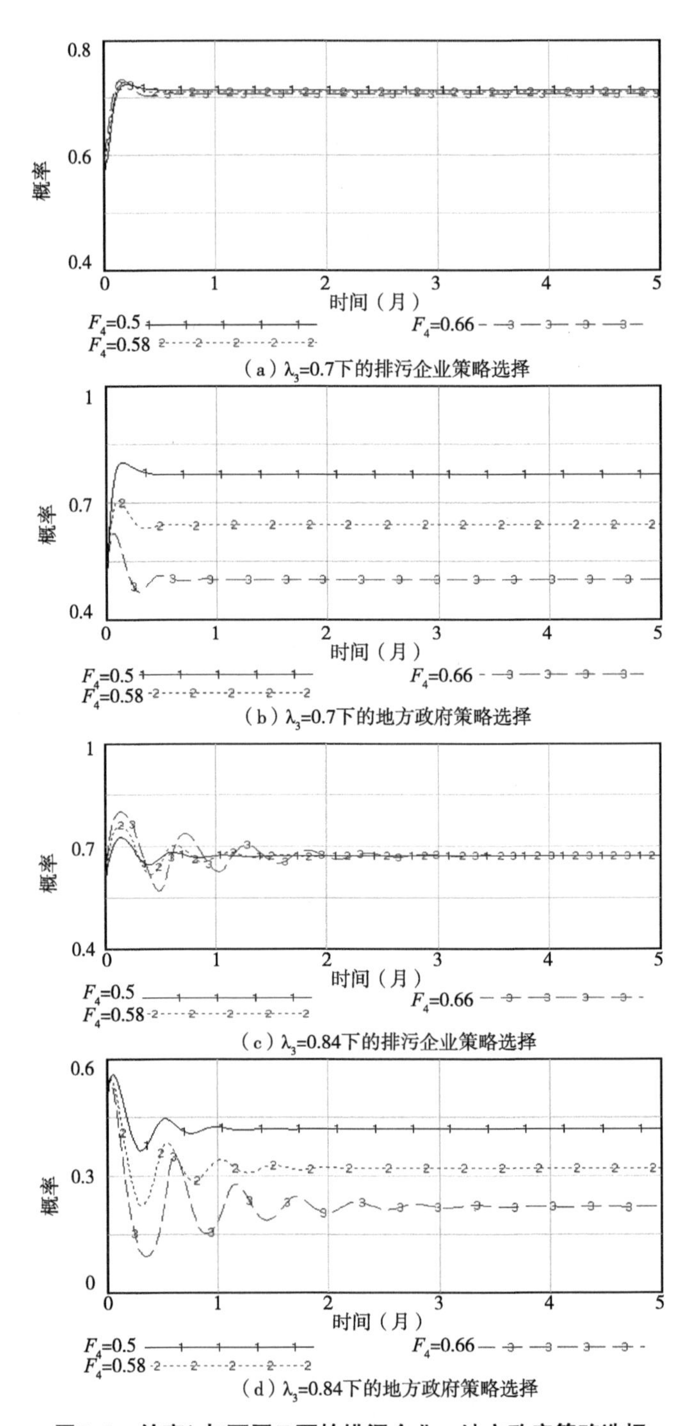

图5-3　给定λ_3与不同F_4下的排污企业、地方政府策略选择

第二节　无污染物排放口的企业排污行为分析

规模养殖环境污染具有时空转移性、分散性、公共性和随机性的特性，更易于产生环境负外部化的机会主义污染行为。因此，外部监管不可或缺。从现有文献来看，对规模养殖企业监管的研究主要集中于政府部门这一主体以及相关的法律法规制度，但并未考虑政府实际执行情况，由于监管规模养殖企业环境行为的难度大、成本高，尤其是没有排污口的规模养殖企业，政府部门难以对其环境行为进行及时有效的监管，相关法律法规的执行效果也大打折扣，事实上，由政府部门接到农户举报进而对规模养殖企业污染情况进行查处的情况已屡见不鲜。在规制规模养殖企业环境行为的方面，应充分发挥农户的监督作用，但缺少针对规模养殖企业、农户相互作用的研究。基于此，本节考虑了缺少当地政府部门主动检查这一现实情况，对没有污染物排放口的规模养殖企业排污和农户监督相互作用下的策略选择进行了定量化研究，为进一步改善规模养殖企业环境行为提供一定的参考。

一、企业、农户两方静态博弈模型

（一）企业、农户两方静态博弈模型构建

规模养殖场均配有沼气工程，牲畜粪尿水经沼气工程无害化处理后经排水沟流入河流。部分养殖场为了节省治污成本，将粪尿水直接经排水沟排出，废弃物污染河流，使得农户灌溉用水中氮、磷等离子严重超标，导致下游农户的农作物产生“烧苗”现象，减产甚至绝收，给农户带来了严重的经济损失，同时还造成了当地水资源和土地资源的污染以及给农户的健康带来危害。因此，农户向当地政府部门举报规模养殖企业污染行为的情况时有发生。为了将这一现实问题更好的模型化，本书中企业、农户博弈模型基于以下假设。

假设一：规模养殖企业有两种策略选择，即完全治污策略和不完全治污策略。农户有两种策略选择，即监督策略和不监督策略。

假设二：农户能否成功监督企业还依赖于地方政府部门是否“作为”。

若地方政府部门“作为”，对于农户的监督举报，政府会严格核实，责令污染企业赔偿农户的经济损失，且会对污染企业处以一定的罚款；若政府部门“不作为”，对于农户的举报，会实行推脱策略，并最终不了了之，农户无法获得经济赔偿，政府也不会对企业处罚。

为了便于表述，对模型参数作出如下设定：规模养殖企业完全治污成本为C，产污污染当量为Q；当企业选择不完全治污策略时，假设治污力度为λ，进一步的假定，当企业选择不完全治污策略时，排放污染当量为（$1-\lambda$）Q，不完全治污成本为λC。

农户监督企业需付出参与成本与机会成本，本节统称为监督成本D，由企业排放的每污染当量给农户造成的损失为L（包括环境污染带来的农户身体健康问题等）。企业排放每污染当量需赔偿农户经济损失（即赔偿标准）θ、缴纳政府罚款η，农户成功监督举报污染企业带来的满足感收益为N。政府部门“作为”的概率为P_3。已有研究发现，在一个小型社区范围内，熟人社会的关系网络不利于环境抗争行为的产生，这种现象在我国农村地区尤为普遍，农户与养殖企业经营者往往不仅熟识甚至还存在亲属关系，农户碍于面子或者不想得罪人，是有不监督企业环境行为的动机的，本书将这种动机称为社会关系需求。当采取不监督策略时，农户将获得社会关系需求收益E。

基于上述假设，本书将农户、企业交互作用下的收益情况归纳如下。

情景1：企业选择完全治污策略

（1）农户采取监督策略时，无论是否监督有效（即政府是否作为），其收益均为$-D$，即仅付出了监督成本。

（2）农户采取不监督策略时，仅获得了社会关系需求收益E。

（3）无论农户采取了何种策略，企业的收益均为$-C$，即仅付出了完全治污成本。

情景2：企业选择不完全治污策略

（1）农户采取监督策略时，若监督有效（即政府作为），企业付出了不完全治污成本λC、需赔偿农户的经济损失（$1-\lambda$）$Q\theta$、需缴纳政府罚款（$1-\lambda$）$Q\eta$，此时农户付出了监督成本D、需承担企业污染给自身带来的损失（$1-\lambda$）QL、成功监督举报污染企业带来的满足感收益N以及得到企业的经济赔偿（$1-\lambda$）$Q\theta$；若监督无效（即政府不作为），则企业仅付出了不完全治污成本λC，农户不仅付出了监督成本D，还需承担企业污染给自身带来的损失（$1-\lambda$）QL。

（2）农户采取不监督策略时，意味着企业的污染行为并未被政府知晓，企业仅付出了不完全治污成本λC，农户承担企业污染给自身带来的损失（$1-\lambda$）QL以及获得社会关系需求收益E。

（二）模型的均衡求解

根据前文所述，可得企业和农户博弈的支付矩阵，见表5-4。

表5-4　企业、农户博弈支付矩阵

企业	农户		
	监督		不监督
	有效（P_3）	无效（$1-P_3$）	
完全治污	$-C$；$-D$	$-C$；$-D$	$-C$；E
不完全治污	$-\lambda C-$（$1-\lambda$）$Q\theta-$（$1-\lambda$）$Q\eta$； $-D-$（$1-\lambda$）$QL+$（$1-\lambda$）$Q\theta+N$	$-\lambda C$；$-D-$（$1-\lambda$）QL	$-\lambda C$； $-$（$1-\lambda$）$QL+E$

为了使模型更加符合现实，考虑以下情况：①当企业选择不完全治污策略时，农户选择监督策略的收益大于采取不监督策略的收益，否则面对企业的污染行为农户不监督举报这显然是不符合当前实际的，即有［（$1-\lambda$）$Q\theta+N$］$P_3>D+E$；②当农户选择监督策略时，企业选择完全治污策略的期望收益大于采取不完全治污策略的期望收益，否则在农户监督下企业仍选择不完全治污策略，这表明农户的监督是无效的，与现实不符，即有$C<$（$Q\theta+Q\eta$）P_3。结合上述情况，该企业、农户博弈模型不存在纯战略纳什均衡，下面求解混合战略纳什均衡。

（1）给定农户采取监督策略的概率P_2。

企业采取完全治污策略的期望收益为：

$$E_{11}=\left[-CP_3+(-C)(1-P_3)\right]P_2+(-C)(1-P_2)=-C$$

企业采取不完全治污策略的期望收益为：

$$E_{12}=-\lambda C-(1-\lambda)(Q\theta+Q\eta)P_3P_2$$

解 $E_{11}=E_{12}$ 得：$P_2^*=\dfrac{C}{(Q\theta+Q\eta)P_3}$

（2）给定规模养殖企业采取完全治污策略的概率P_1。

农户采取监督策略的期望收益为：

$E_{21}=-D+(1-P_1)\{[(1-\lambda)Q\theta+N]P_3-(1-\lambda)QL\}$ 农户采取不监督策略的期望收益为：

$$E_{22}=E-(1-P_1)(1-\lambda)QL$$

解 $E_{21}=E_{22}$ 得：$P_1^*=1-\dfrac{D+E}{[(1-\lambda)Q\theta+N]P_3}$

综上可得企业、农户博弈的混合战略纳什均衡为 $P_1^*=1-\dfrac{D+E}{[(1-\lambda)Q\theta+N]P_3}$ 和 $P_2^*=\dfrac{C}{(Q\theta+Q\eta)P_3}$，即企业以概率 P_1^* 选择完全治污策略，农户以概率 P_2^* 选择监督策略。当农户监督的概率 $P_2<P_2^*$ 时，$E_{11}<E_{12}$，企业的最优选择是不完全治污；当农户监督的概率 $P_2>P_2^*$ 时，$E_{11}>E_{12}$，企业的最优选择是完全治污。当参与方可以选择混合战略时，它选择任何一个纯战略的概率在0和1之间是连续的。则在农户给定战略下规模养殖企业的反应对应为：$P_1=\begin{cases}0, & P_2<P_2^*\\(0,1), & P_2=P_2^*\\1, & P_2>P_2^*\end{cases}$。当企业完全治污的概率 $P_1<P_1^*$ 时，$E_{21}>E_{22}$，农户的最优选择是监督；当企业完全治污的概率 $P_1>P_1^*$ 时，$E_{21}<E_{22}$，农户的最优选择是不监督。则在规模养殖企业给定战略下农户的反应对应为：$P_2=\begin{cases}1, & P_1<P_1^*\\(0,1), & P_1=P_1^*\\0, & P_1>P_1^*\end{cases}$。

（三）模型均衡分析

1. 对 P_1^* 表达式分析可得

（1）规模养殖企业采取完全治污策略的概率与农户社会关系需求收益E成反比。农户出于面子或者不想得罪人，有不监督规模养殖企业环境行为的动机。这种社会关系需求在我国农村是种普遍现象，在一定程度上反映了农户价值观念中存在的误区，阻碍了农户规制规模养殖企业环境行为的作用的发挥。因此，农户这种社会关系需求越高，规模养殖企业采取完全治污策略的概率越低。

（2）规模养殖企业采取完全治污策略的概率与企业排放的每污染当量给农户的经济赔偿θ成正比。即规模养殖企业经济赔偿农户标准越高，其采取完全治污策略的概率越大。

（3）规模养殖企业采取完全治污策略的概率与农户成功监督举报企业污染行为获得的心理满足感收益N成正比。农户成功监督举报企业污染行为获得的心理满足感，包括被尊重感、被认可感、对环境的责任心等，心理满足感收益越强，农户采取监督行为的意愿就越强，那么规模养殖企业采取完全治污策略的概率也就越大。

（4）规模养殖企业采取完全治污策略的概率与地方政府部门“作为”的概率P_3成正比。提升地方政府部门“作为”的概率，即收到农户的举报了及时对企业的污染行为进行查处，增大了企业为其污染行为付出的成本，进而提升了规模养殖企业采取完全治污策略的概率。

2. 对 P_2^* 表达式分析可得

（1）农户选择监督策略的概率与企业排放的每污染当量给农户的经济赔偿θ成反比。这是由于，规模养殖企业经济赔偿农户的标准越高，企业由于环境污染所付出的赔偿金额越大，规模养殖企业采取完全治污行为的概率越大，那么农户选择完全治污策略的概率就越低。

（2）农户选择监督策略的概率与地方政府部门“作为”的概率P_3成反比。这是由于随着当地政府部门“作为”的概率的提高，规模养殖企业采取完全治污策略的概率 P_2^* 也在增大，故农户采取完全治污策略的概率降低。

二、企业、农户两方演化博弈模型

前文从农户、企业静态博弈的视角对无排污口的企业环境行为进行了研究，本书接下来从演化的视角对农户、企业长期均衡进行分析。

（一）企业、农户两方演化博弈模型构建

由第二节模型假设，可得农户、企业博弈的支付矩阵如表5-5所示。

表5-5　农户、企业策略交往的支付矩阵

	企业完全治污	企业不完全治污
农户举报	$-D$，$-C+N$	$-D-(1-\lambda)L+(1-\lambda)Q\eta$， $-\lambda C-(1-\lambda)Q\theta-(1-\lambda)S-(1-\lambda)Q\eta$
农户不举报	0，$-C$	$-(1-\lambda)L$，$-\lambda C$

假设初始时刻，农户群体中采取“举报”策略的比例为P_1，则选择“不举报”策略的比例为$1-P_1$；企业群体中采取“完全治污”策略的比例为P_2，则选择“不完全治污”策略的比例为$1-P_2$；其中$0\leqslant P_1$，$P_2\leqslant 1$。

设农户采取举报策略的期望收益为E_{11}，采取不举报策略的期望收益为E_{12}，群体平均收益为E_1，则：

$$E_{11}=P_2(-D)+(1-P_2)\left[-D-(1-\lambda)L+(1-\lambda)Q\eta\right]$$

$$E_{12}=(1-P_2)\left[-(1-\lambda)L\right]$$

$$E_1=P_1E_{11}+(1-P_1)E_{12}$$

设企业采取完全治污策略的期望收益为E_{21}，采取不完全治污策略的期望收益为E_{22}，群体平均收益为E_2，则：

$$E_{21}=P_1(-C+N)+(1-P_1)(-C)$$

$$E_{22}=P_1\left[-\lambda C-(1-\lambda)Q\theta-(1-\lambda)S-(1-\lambda)Q\eta\right]+(1-P_1)(-\lambda C)$$

$$E_2=P_2E_{21}+(1-P_2)E_{22}$$

则农户、企业策略选择的复制动态方程为：

$$\begin{cases}\dfrac{dP_1}{dt}=P_1\left(E_{11}-E_1\right)=P_1\left(1-P_1\right)\left[\left(1-\lambda\right)Q\eta-D-P_2\left(1-\lambda\right)Q\eta\right]\\ \dfrac{dP_2}{dt}=P_2\left(E_{21}-E_2\right)=P_2\left(1-P_2\right)\left\{P_1\left[N+\left(1-\lambda\right)\left(Q\theta+S+Q\eta\right)\right]-\left(1-\lambda\right)C\right\}\end{cases} \tag{5-4}$$

进而得式（5-4）的雅可比矩阵为：

$$J=\begin{pmatrix}\left(1-2P_1\right)\left[\left(1-\lambda\right)Q\eta-D-P_2\left(1-\lambda\right)Q\eta\right] & P_1\left(1-P_1\right)\left[-\left(1-\lambda\right)Q\eta\right]\\ P_2\left(1-P_2\right)\left[N+\left(1-\lambda\right)\left(Q\theta+S+Q\eta\right)\right] & \left(1-2P_2\right)\left\{P_1\begin{bmatrix}N+\left(1-\lambda\right)\\ \left(Q\theta+S+Q\eta\right)\end{bmatrix}-\left(1-\lambda\right)C\right\}\end{pmatrix}$$

（二）均衡点稳定性分析

为使农户、企业的收益更符合实际，考虑以下情况。在农户选择举报策略时，企业迫于声誉、排污费、赔偿的压力，企业是倾向于采取完全治污策略的，因此规定在农户举报下，企业采取完全治污策略的收益大于采取不完全治污策略的收益是合理的。同理，在企业采取不完全治污策略时，农户不举报就会使自己无法获得赔偿，此时农户会采取举报策略，因此规定在企业不完全治污时，农户采取举报策略收益大于采取不举报策略收益也是合理的，进而可得下述不等式：

$$N+\left(1-\lambda\right)\left(Q\theta+S+Q\eta\right)>\left(1-\lambda\right)C \tag{5-5}$$

$$D<\left(1-\lambda\right)Q\eta \tag{5-6}$$

令$\begin{cases}\dfrac{dP_1}{dt}=0\\ \dfrac{dP_2}{dt}=0\end{cases}$，结合式（5-5）、式（5-6），得式（5-4）具有的5个均衡点：（0，0），（0，1），（1，0），（1，1），（P_1，P_2），其中$P_1=\dfrac{\left(1-\lambda\right)C}{N+\left(1-\lambda\right)\left(Q\theta+S+Q\eta\right)}$，$P_2=\dfrac{\left(1-\lambda\right)Q\eta-D}{\left(1-\lambda\right)Q\eta}$。

对上述5个均衡点的稳定性进行分析，结果见表5-6。

表5-6　式（5-4）均衡点稳定性分析

均衡点	detJ	符号	trJ	符号	稳定性
（0，0）	$[(1-\lambda)Q\eta-D][-(1-\lambda)C]$	−	$(1-\lambda)Q\eta-D-(1-\lambda)C$	不定	鞍点
（0，1）	$-D(1-\lambda)C$	−	$-D+(1-\lambda)C$	不定	鞍点
（1，0）	$-[(1-\lambda)Q\eta-D][N+(1-\lambda)(Q\theta+S+Q\eta-C)]$	−	$-[(1-\lambda)Q\eta-D]+[N+(1-\lambda)(Q\theta+S+Q\eta-C)]$	不定	鞍点
（1，1）	$-D\begin{bmatrix}N+(1-\lambda)\\(Q\theta+S+Q\eta-C)\end{bmatrix}$	−	$D-\begin{bmatrix}N+(1-\lambda)\\(Q\theta+S+Q\eta-C)\end{bmatrix}$	不定	鞍点
（P_1，P_2）	$P_2(1-P_2)\begin{bmatrix}N+(1-\lambda)\\(Q\theta+S+Q\eta)\end{bmatrix}\times P_1(1-P_1)[(1-\lambda)Q\eta]$	+	0		不稳定点

由此可知该式（5-4）在静态赔偿策略下不存在稳定均衡点，双方初始策略的选择以及演化过程中的扰动都会使系统的发展具有一定的随机性，这就给当地的环境保护和社会和谐带来了较大的影响，也使得政府的管理十分困难。该系统不具有演化稳定策略，可能就是畜牧企业伺机选择污染行为导致环境污染屡禁不止的重要原因之一。下面对式（5-4）进行优化。

（三）博弈模型优化分析

增大赔偿系数从而加大赔偿金额是降低企业不完全治污收益从而使企业改变行为的一个重要方式；而农户由于环境污染导致的经济损失与企业群体中采取完全治污策略的比例是负相关的，即越多的企业采取完全治污策略，污染水平就越低，农户的经济损失越少，为了体现对企业的激励，此时对农户的赔偿系数也应减小。由此提出企业赔偿农户的动态赔偿系数，表达式如下。

$$\eta^{*}=\left(n-P_{2}\right)\eta$$

其中，n表示赔偿力度。由于提升赔偿金额是促使企业改变行为的重要方式之一，故这里动态赔偿系数不应低于静态赔偿系数，即$\eta^{*}\geqslant\eta$，即$\forall P_{2}\in\left[0,1\right]$，都有$n-P_{2}\geqslant 1$，故$n\geqslant 2$。用$\eta^{*}$替代原系统中的$\eta$，由此可得优化后的农户、企业策略选择的复制动态方程：

$$\begin{cases}\dfrac{\mathrm{d}P_{1}}{\mathrm{d}t}=P_{1}\left(E_{11}-E_{1}\right)=P_{1}\left(1-P_{1}\right)\left[\left(1-\lambda\right)Q\eta\left(n-P_{2}\right)\left(1-P_{2}\right)-D\right]\\ \dfrac{\mathrm{d}P_{2}}{\mathrm{d}t}=P_{2}\left(E_{21}-E_{2}\right)=P_{2}\left(1-P_{2}\right)\left\{P_{1}\begin{bmatrix}N+\left(1-\lambda\right)\left(Q\theta+S\right)\\ +\left(1-\lambda\right)Q\eta\left(n-P_{2}\right)\end{bmatrix}-\left(1-\lambda\right)C\right\}\end{cases}\tag{5-7}$$

进而得式（5-7）的雅可比矩阵：

$$J=\begin{pmatrix}\left(1-2P_{1}\right)\left[\left(1-\lambda\right)Q\eta\left(n-P_{2}\right)\left(1-P_{2}\right)-D\right] & P_{1}\left(1-P_{1}\right)\left(1-\lambda\right)Q\eta\left[2P_{2}-\left(n+1\right)\right]\\ P_{2}\left(1-P_{2}\right)\begin{bmatrix}N+\left(1-\lambda\right)\left(Q\theta+S\right)\\ +\left(1-\lambda\right)Q\eta\left(n-P_{2}\right)\end{bmatrix} & \begin{matrix}\left(1-2P_{2}\right)\left\{P_{1}\begin{bmatrix}N+\left(1-\lambda\right)\left(Q\theta+S\right)\\ +\left(1-\lambda\right)Q\eta\left(n-P_{2}\right)\end{bmatrix}-\left(1-\lambda\right)C\right\}\\ +P_{2}\left(1-P_{2}\right)\left[-\left(1-\lambda\right)Q\eta P_{1}\right]\end{matrix}\end{pmatrix}$$

下面求解式（5-7）的均衡点。令$\begin{cases}\dfrac{\mathrm{d}P_{1}}{\mathrm{d}t}=0\\ \dfrac{\mathrm{d}P_{2}}{\mathrm{d}t}=0\end{cases}$，易知系统式（5-7）必然具有4个纯策略均衡：（0，0），（0，1），（1，0），（1，1）。接下来求解混合策略均衡。不妨首先考虑：

$\left(1-\lambda\right)Q\eta\left(n-P_{2}\right)\left(1-P_{2}\right)-D=0$，整理可得：

$$P_{2}^{2}-\left(n+1\right)P_{2}+n-\frac{D}{\left(1-\lambda\right)Q\eta}=0\tag{5-8}$$

由于根的判别式：$\Delta=\left(n+1\right)^{2}-4\left[n-\dfrac{D}{\left(1-\lambda\right)Q\eta}\right]=\left(n-1\right)^{2}+\dfrac{4D}{\left(1-\lambda\right)Q\eta}>0$，

故式（5-8）具有两不同实根：

$$P_2^{'}=\frac{n+1+\sqrt{(n-1)^2+\frac{4D}{(1-\lambda)Q\eta}}}{2},\quad P_2^{''}=\frac{n+1-\sqrt{(n-1)^2+\frac{4D}{(1-\lambda)Q\eta}}}{2}$$

由式（5-6）可知$\frac{D}{(1-\lambda)Q\eta}\in(0,1)$，又因为$n\geqslant 2$，故：

$$P_2^{'}=\frac{n+1+\sqrt{(n-1)^2+\frac{4D}{(1-\lambda)Q\eta}}}{2}>\frac{n+1+\sqrt{(n-1)^2}}{2}=n>1$$

$$P_2^{''}=\frac{n+1-\sqrt{(n-1)^2+\frac{4D}{(1-\lambda)Q\eta}}}{2}<\frac{n+1-\sqrt{(n-1)^2}}{2}=1$$

$$P_2^{''}=\frac{n+1-\sqrt{(n-1)^2+\frac{4D}{(1-\lambda)Q\eta}}}{2}=\frac{\sqrt{(n-1)^2+4n}-\sqrt{(n-1)^2+\frac{4D}{(1-\lambda)Q\eta}}}{2}>0$$

故 $P_2^*=\frac{n+1-\sqrt{(n-1)^2+\frac{4D}{(1-\lambda)Q\eta}}}{2}\in(0,\ 1)$。

再令 $P_1\left[N+(1-\lambda)(Q\theta+S)+(1-\lambda)Q\eta(n-P_2)\right]-(1-\lambda)C=0$，解得：

$P_1^*=\frac{(1-\lambda)C}{N+(1-\lambda)(Q\theta+S)+(1-\lambda)Q\eta\left(n-P_2^*\right)}$，因为$n\geqslant 2$，$P_2^*\in(0,\ 1)$，故：

$$N+(1-\lambda)(Q\theta+S)+(1-\lambda)Q\eta\left(n-P_2^*\right)>N+(1-\lambda)Q\theta+(1-\lambda)S+(1-\lambda)Q\eta$$

结合式（5-5）可知：

$$P_1^*=\frac{(1-\lambda)C}{N+(1-\lambda)(Q\theta+S)+(1-\lambda)Q\eta\left(n-P_2^*\right)}<\frac{(1-\lambda)C}{N+(1-\lambda)(Q\theta+S+Q\eta)}<1$$

又显然 $P_1^*>0$，故 $P_1^*\in(0,\ 1)$。由此可得式（5-7）具有4个纯策略均衡和1个混合策略均衡：（0，0），（0，1），（1，0），（1，1），

$\left(P_1^*, P_2^*\right)$，其中，

$$P_1^* = \frac{(1-\lambda)C}{N+(1-\lambda)(Q\theta+S)+(1-\lambda)Q\eta\left(n-P_2^*\right)} \tag{5-9}$$

$$P_2^* = \frac{n+1-\sqrt{(n-1)^2+\dfrac{4D}{(1-\lambda)Q\eta}}}{2} \tag{5-10}$$

对上述5个均衡点进行稳定性分析，结果如表5-7所示。

由对均衡点的稳定性分析可知，式（5-7）具有一个演化稳定策略$\left(P_1^*, P_2^*\right)$。由此可以看出，动态赔偿系数可以有效抑制波动，使系统达到稳定均衡状态。但是该稳定均衡点的变化受到多个参数的影响，因此有必要对这些参数进行分析，从而准确把握稳定均衡点$\left(P_1^*, P_2^*\right)$的变化情况。

（四）演化稳定策略影响因素分析

由式（5-9）、式（5-10）的表达式可知，该稳定均衡点$\left(P_1^*, P_2^*\right)$的取值主要受到企业产污量$Q$、企业给农户造成经济损失的赔偿力度$n$、企业治污投入力度$\lambda$、农户举报成本$D$等参数的影响，为了把握参数变化对稳定均衡点的影响，下面对各参数进行分析。

1. 赔偿力度n的影响分析

P_1^*、P_2^*分别对n求偏导，得$\dfrac{\partial P_1^*}{\partial n}<0$，$\dfrac{\partial P_2^*}{\partial n}>0$，且$\lim\limits_{n\to+\infty} P_1^*=0$，$\lim\limits_{n\to+\infty} P_2^*=1$。

由此可以看出，随着赔偿力度n的增大，也就是随着企业赔偿农民损失金额的增加，P_1^*逐渐增小，P_2^*逐渐增大，即农户群体中采取举报策略的比例在降低，企业群体中采取完全治污策略的比例在增加，这是因为此时企业群体采取完全治污策略的比例增大，农户正确举报污染企业的可能性变小，而举报还需要付出举报成本，此时农户群体中采取举报策略的比例就会降低。增大赔偿力度n可以使稳定均衡点朝向纯策略均衡点（0，1）收敛，这是个理想的均衡点，但是从现实中来说，过度的惩罚是不可实施的，因此还需要改变其他参数来共同达到理想的均衡点。

表5-7　式（5-7）的均衡点稳定性分析

均衡点	$detJ$	符号	trJ	符号	稳定性
（0，0）	$\left[n(1-\lambda)Q\eta-D\right]\left[-(1-\lambda)C\right]$	-	$n(1-\lambda)Q\eta-D-(1-\lambda)C$	不定	鞍点
（0，1）	$-D(1-\lambda)C$	-	$-D+(1-\lambda)C$	不定	鞍点
（1，0）	$-\left[n(1-\lambda)Q\eta-D\right]$ $\left[N+(1-\lambda)(Q\theta+S+Q\eta n-C)\right]$	-	$-\left[n(1-\lambda)Q\eta-D\right]$ $+\left[N+(1-\lambda)(Q\theta+S+Q\eta n-C)\right]$	不定	鞍点
（1，1）	$-D\begin{bmatrix}N+(1-\lambda)Q\theta+(1-\lambda)S\\+(1-\lambda)Q\eta(n-1)-(1-\lambda)C\end{bmatrix}$	-	$D-\begin{bmatrix}N+(1-\lambda)Q\theta+(1-\lambda)S\\+(1-\lambda)Q\eta(n-1)-(1-\lambda)C\end{bmatrix}$	不定	鞍点
$\left(P_1^*,P_2^*\right)$	$-P_2^*\left(1-P_2^*\right)\begin{bmatrix}N+(1-\lambda)(Q\theta+S)\\+(1-\lambda)Q\eta\left(n-P_2^*\right)\end{bmatrix}$ $\times P_1^*\left(1-P_1^*\right)\left[(1-\lambda)Q\eta\right]\left[2P_2^*-(n+1)\right]$	+	$P_2^*\left(1-P_2^*\right)\left[-(1-\lambda)Q\eta P_1^*\right]$	-	稳定点

2. 产污量Q的影响分析

P_1^* 、P_2^* 分别对Q求偏导，得 $\frac{\partial P_1^*}{\partial Q}<0$ ，$\frac{\partial P_2^*}{\partial Q}>0$ ，且 $\lim\limits_{Q\to+\infty}P_1^*=0$ ，$\lim\limits_{Q\to+\infty}P_2^*=1$ 。

由此可以看出，随着企业产污量的增加，企业群体中采取完全治污策略的比例在增加，而农户群体中采取举报策略的比例在降低，这是因为对于畜牧业来说，产污量和养殖规模是成正比的，产污量的增加意味着养殖规模的增大。对于大型企业，农户往往容易产生信任心理，认为其违法的可能性较小，而对小型企业由于不信任会有更多关注，另外，由于大型企业群体中采取完全治污策略的比例较大，正确举报大型企业的成功率较低，因此农户群体也会降低对大型企业采取举报策略的比例。从这里可以看出，规模越大的畜牧企业群体中采取完全治污策略的比例越高，越小规模的畜牧企业群体中采取完全治污策略的比例越低，因此对于规模较小的畜牧企业群体需要更加注意其环境行为。

3. 治污投入力度λ的影响分析

P_1^* 、P_2^* 分别对λ求偏导，得 $\frac{\partial P_1^*}{\partial \lambda}<0$ ，$\frac{\partial P_2^*}{\partial \lambda}<0$ ，且

$$\lim_{\lambda\to0}P_1^*=\frac{C}{N+Q\theta+S+Q\eta\left[n-1+\sqrt{(n-1)^2+\frac{4D}{Q\eta}}\right]\Big/2}<1,$$

$\lim\limits_{\lambda\to0}P_2^*=\frac{n+1-\sqrt{(n-1)^2+\frac{4D}{Q\eta}}}{2}<1$ 。由此可以看出，企业治污投入力度λ的降低会增大农户群体中采取举报策略的比例；对于治污力度较低的企业群体来说，一旦观测到有更多的农户举报了自己，企业群体中采取完全治污策略的比例会逐渐增加。这就是说，治污力度越低的企业群体，农户群体中对其采取举报策略的比例也越大，其最终采取完全治污策略的比例反而越大，对于治污力度较高的企业群体，农户对其采取举报策略的比例较低，其最终采取完全治污策略的比例反而较低，也就是说，相比于明显的污染行为，那些不明显的污染行为更容易被人们忽视，进而带来长期的损失，因此对于治污力度较高企业群体也同样需要关注其环境行为。

4. 农户举报成本D的影响分析

P_1^*、P_2^*分别对D求偏导，得$\frac{\partial P_1^*}{\partial D}<0$，$\frac{\partial P_2^*}{\partial D}<0$，且

$\lim\limits_{D\to 0} P_1^*=\frac{(1-\lambda)C}{N+(1-\lambda)(Q\theta+S)+(1-\lambda)Q\eta(n-1)}<1$，$\lim\limits_{D\to 0} P_2^*=1$。由此可得，随着农户举报成本的增大，越来越少的农户采取举报策略；而对于企业来说，当它意识到由于举报成本的加大致使越来越多的农户放弃了对自己的举报，那么企业群体中采取完全治污策略的比例会越来越低，即越来越多的企业采取不完全治污策略；当农户举报成本足够小时，农户群体中采取举报策略的比例较高，也就是越来越多的农户采取了举报策略，此时几乎所有的企业都选择了完全治污策略，但并不是所有农户都会采取举报策略，这是因为几乎所有企业都已经选择完全治污策略，白白付出举报成本是农户所不希望的。

本章小结

偷排是当前排污企业的一种非法排污行为，本章从组织行为的角度，利用演化博弈理论，针对有污染物排放口和没有污染物排放口的养殖企业分别建立模型。通过对有污染物排放口的排污企业的环境行为的分析得出如下结论：①环境税及相关实施条例并不能完全杜绝排污企业的非法排污行为；②在非法排污企业中，偷排量越高的企业群体中最终采取完全治污策略的比例越高，偷排量越低的企业群体中最终采取完全治污策略的比例越低，随着当前监管的日益严格，地方政府应将监管重心放在偷排量较小的非法排污行为上；③提升企业环境行为的关键是控制偷排量占比，将偷排量占比限制在阈值之内并提升其污染物去除率才会对企业环境行为产生正向推动作用。

在针对无污染物排放口的规模养殖企业的环境行为这一问题上，考虑地方政府部门往往难以实施及时有效的监管、农户在改善企业环境行为上发挥重要作用这一现实背景，通过对无污染物排放口的规模养殖企业的环境行为的静态博弈分析得出如下结论。企业最优选择是纯战略完全治污

的概率：①与环境污染致使牲畜患病的概率成正比；②与环境污染致使牲畜患病的经济损失成正比；③与企业经济补偿农户标准成正比；④与环境污染被通报造成的声誉损失成正比；⑤与地方政府部门“成功审查”的概率成正比。农户最优选择是纯战略监督的概率：①与社会关系需求收益成反比；②与企业经济补偿农户标准成正比；③与农户成功监督举报企业污染行为获得的心理满足感收益成正比；④与地方政府部门“成功审查”的概率成正比。

通过对无污染物排放口的规模养殖企业的环境行为的动态的演化博弈分析得出如下结论，①动态赔偿系数优化措施能够有效的抑制农户、企业博弈过程中的波动，使系统的演化收敛于一个演化稳定策略，从而证明了该措施的有效性；②要增大企业群体中采取完全治污策略的比例，提高赔偿力度、降低农户举报成本都是有效的促进措施，同时农户群体中采取举报策略的比例会降低，这是一个理想的结果；③对于那些治污力度较高的企业群体，农户群体中采取举报策略的比例会较低，而最终这类企业群体中采取完全治污策略的比例也会较低，从而造成长期的污染和经济损失；④畜牧企业群体中采取完全治污策略的比例与养殖规模正相关，对于规模较小的畜牧企业群体，农户应更加注意其环境行为。

第六章　基于养殖污染物治理效率提升的企业环境行为分析

我国生猪规模养殖的废弃物主要为猪粪尿，经沼气工程发酵后转变为沼液、沼渣。从当前来看，我国生猪规模养殖的污染主要为猪粪尿外排造成的一次污染及沼液外排造成的二次污染。本书第四章和第五章从监管的角度对企业的污染物排放行为规律进行了探究，本章针对猪粪尿和沼液，从规模养殖污染物治理效率提升的视角，探究进一步提升企业环境行为的路径。

第一节　基于养殖猪粪尿治理效率提升的企业环境行为分析

规模养殖企业采用沼气工程来处理猪粪尿，将无法直接资源再利用的猪粪尿，转化为可利用的沼气、沼液、沼渣。然而，当前我国规模养殖场沼气工程的运行状况并不能令人满意，甚至出现停运的现象，致使部分猪粪尿缺乏治理，是导致猪粪尿一次污染的重要原因。本节首先对生猪规模养殖沼气工程污染治理系统进行系统分析，其次确定流率流位系、构建流率入树模型，最后以江西泰华牧业科技有限公司为例，对该大型养殖场的沼气工程的运行做出分析与评价，研究沼气工程稳定运行所必需的动力机制。

一、规模养殖猪粪尿污染治理系统的动力学模型构建

（一）系统分析与流位流率系确立

生猪规模养殖粪尿污染治理系统由养殖子系统和收益子系统两大子系

统构成。养殖子系统刻划生猪规模养殖活动中污染物的产生量，而污染物产生量主要与养殖规模相关，故采用年日均存栏数、年出栏数作为描述该子系统的主要变量；收益子系统刻画通过生猪规模养殖和对养殖废弃物的有效利用为养殖企业带来的收益；现阶段对养殖废弃物的有效处理的主要方法是通过沼气工程建设，因此，采用养殖年利润和沼气工程年利润作为该子系统的主要变量。生猪规模养殖粪尿治理系统的流位流率变量如表6-1所示。

表6-1　生猪规模养殖粪尿污染治理流位流率变量

变量名称	变量模型	计量单位
年出栏	流位	头
年日均存栏	流位	头
养殖年利润	流位	万元
沼气工程年利润	流位	万元
出栏年变化量	流率	头/年
日均存栏年变化量	流率	头/年
养殖利润年变化量	流率	万元/年
沼气工程利润年变化量	流率	万元/年

（二）规模养殖粪尿污染治理系统简化流率基本入树模型构建

依据所确定的系统流位流率系，运用系统动力学流率基本入树建模法，构建系统的简化流率基本入树模型。

1. 流率变量受流位、流率变量控制二部分图分析

出栏年变化量与原有养殖规模有关，在资金一定的前提下，原规模越大，出栏年变化量相对越小，同时年日均存栏量越大，则出栏数量越大，因此，出栏年变化量直接受年出栏和年日均存栏两个流位变量控制。

日均存栏年变化量首先受到其原有规模影响，原规模越大，则在其他条件不变的情况下，其变化量越小。其次，日均存栏年变化量还受养殖

利润控制。利润越高，则其变化量越大。最后，日均存栏年变化量与出栏年变化量直接相关。因此，日均存栏年变化量直接受年存栏方程、规模养殖年利润、沼气工程年利润3个流位变量和流率变量出栏年变化量的控制。

规模养殖利润年变化量，在不考虑市场价格波动的前提下，主要是受其原有利润基础和养殖规模控制，故该流率变量受年出栏和规模养殖利润两个流位变量控制。

沼气工程利润变化量在不考虑系统外因素的前提下，与原利润有关，同时，还受到其发酵原料数量的影响，而发酵原料数量受年日均存栏的影响，故沼气工程利润变化量受年日均存栏和沼气工程年利润两个流位变量控制。综上可得，生猪规模养殖粪尿污染治理系统流率变量受流位流率变量控制的二部分图（图6-1）。

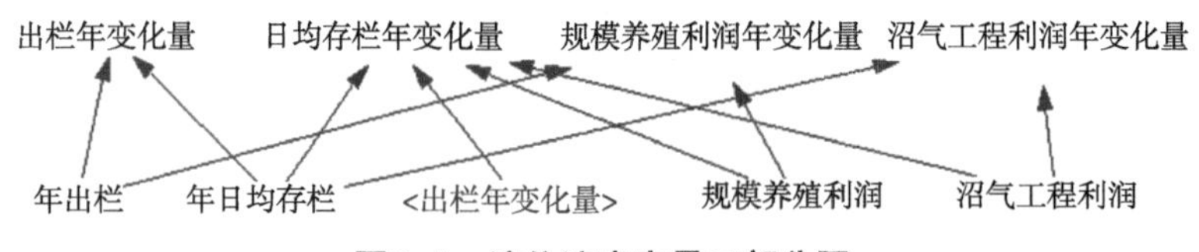

图6-1　流位流率变量二部分图

2. 系统简化流率基本入树模型构建

依据系统的流位流率变量二部分图，运用系统动力学流率基本入树建模法，通过添加辅助变量，构建生猪规模养殖粪尿污染治理系统的简化流率基本入树模型如图6-2所示。

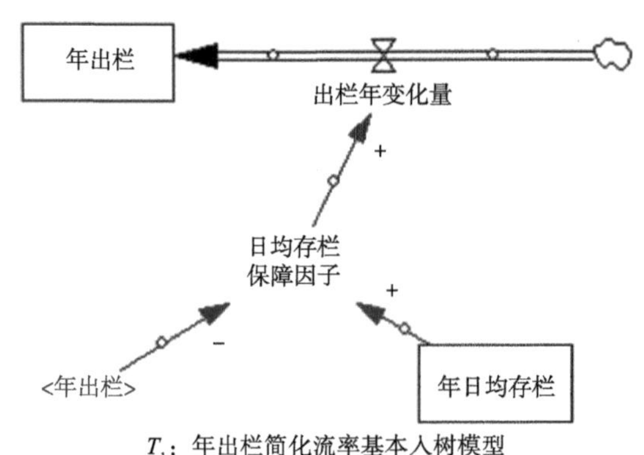

T_1：年出栏简化流率基本入树模型

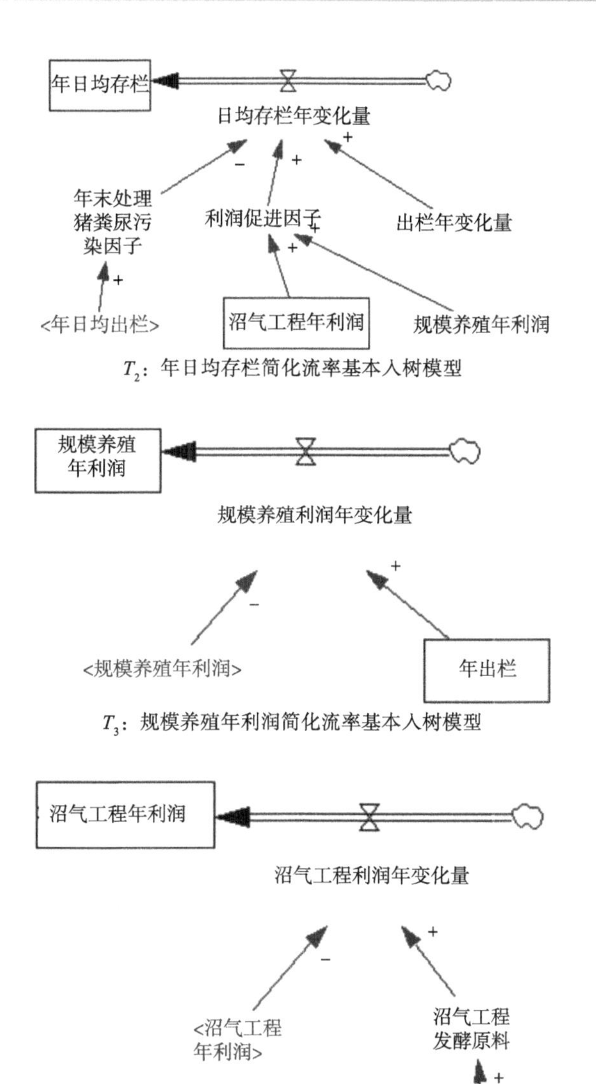

T_2：年日均存栏简化流率基本入树模型

T_3：规模养殖年利润简化流率基本入树模型

T_4：沼气工程年利润简化流率基本入树模型

图6-2　生猪规模养殖粪尿污染治理系统简化流率基本入树模型

（三）规模养殖粪尿污染治理系统的反馈结构分析

为了进一步揭示生猪规模养殖粪尿污染治理系统的内在运行机理，

针对上节构建的系统简化流率基本入树模型，运用系统动力学极小基模生成集法，通过构建系统的极小基模集，对该系统进行反馈结构分析。根据极小基模生成定理，T_1与T_2构成二阶极小基模G_{12}，T_2与T_4构成二阶极小基模G_{24}，G_{12}与T_3构成三阶极小基模G_{123}（图6-3至图6-5）。

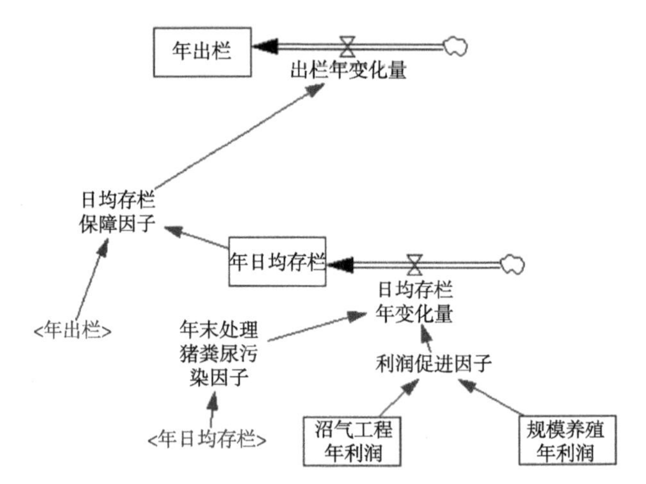

图6-3　出栏年变化量与年日均存栏相互促进二阶极小基模G_{12}

此二阶极小基模刻画的是规模养殖过程中，年出栏数量与日常养殖存栏数量之间的内在关系，即要扩大年出栏规模，则要加大日存栏规模，但是年出栏规模越大，受资源所限，增大出栏年变化量的难度也越大。

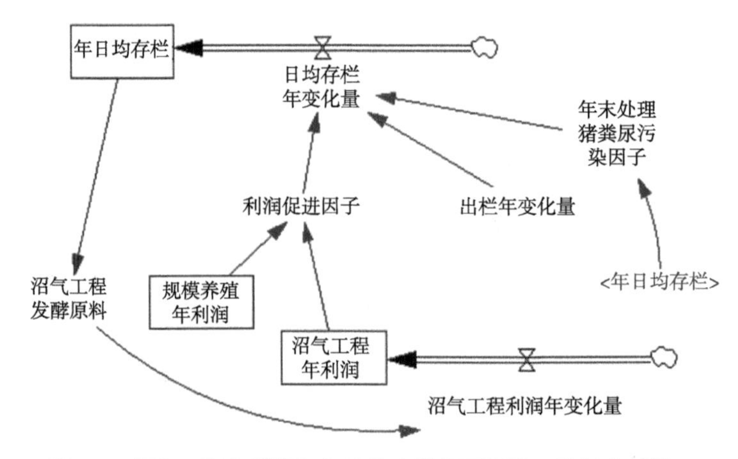

图6-4　沼气工程年利润与年日均存栏相互促进二阶极小基模G_{24}

此二阶极小基模刻划出沼气工程数量与养殖规模即日均存栏规模之间的关系。日均存栏规模越大，则可为沼气工程提供更为充足的发酵原料，进而沼气工程的效益更高。但是，由于沼气工程规模所限，日均存栏规模一旦超过沼气工程的处理能力，将导致无法处理的剩余猪粪尿增加，从而带来污染，抑制了养殖规模的进一步发展。

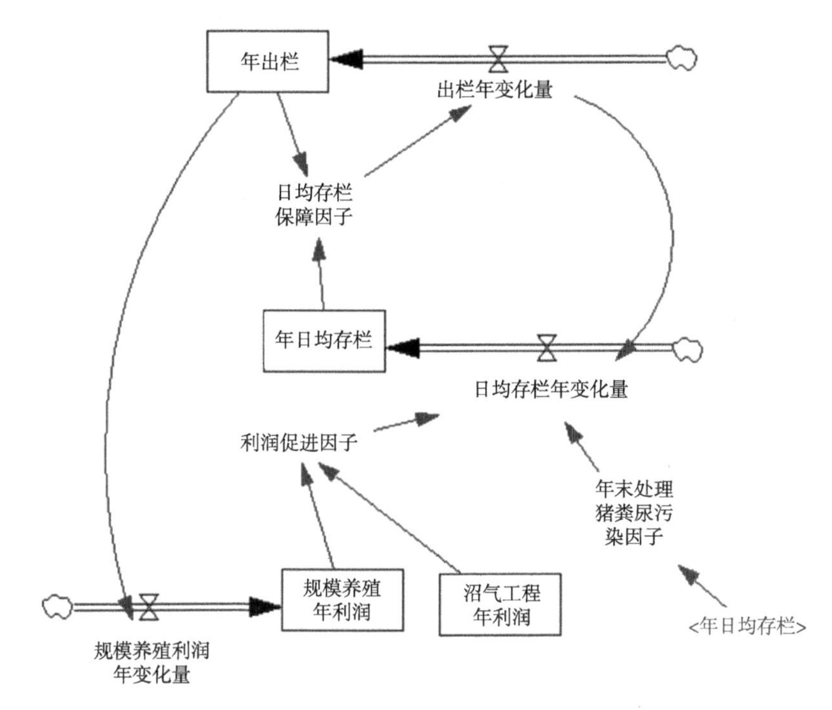

图6-5　养殖利润与养殖规模相互促进三阶极小规模G_{123}

该三阶极小基模刻划了养殖利润对规模养殖的正向推动作用。从上述分析可以发现，就生猪规模养殖而言，通过沼气工程建设对生猪规模养殖发展是有促进作用，同时也是生猪规模养殖粪尿污染治理的一种有效途径。然而，大量的案例说明，简单地通过沼气工程建设并不能较彻底地解决规模养殖的粪尿污染问题，究其根源，本书认为，沼气工程建设运行成本偏高，而其收益相对较低是其重要原因。为此，本章以江西省萍乡市泰华牧业有限公司为研究案例，对如何实现利用沼气工程对生猪规模养殖粪尿污染的有效治理进行仿真研究。

二、案例分析

（一）背景介绍

泰华牧业科技有限公司地处江西省萍乡市湘东区排上镇兰坡村，是当地养殖业的龙头企业。萍乡市泰华牧业科技有限公司于2005年注册成立，前身为萍乡市排上生猪养殖协会。在发展养殖业的同时，协会积极引导养殖户发展沼气生态工程和无公害蔬菜项目，形成养殖效益—沼气生态效益—种植效益一体化的综合效益模式。在扩大养殖规模的同时，利用猪场的废气、废料通过沼气池厌氧灭菌，协会已建立的100多个沼气池既保护了猪场的环境，又可以无偿向周围300户农户提供生活用气，年节约燃料费用10多万元。同时，沼气发酵后的肥料，无偿提供给周围农户发展种植业，年节约化肥20多万元。该企业在2008年投资共计360万元（其中中央政府补贴90万元），建立了配有热电联产的中温厌氧发酵储气一体化的沼气工程，中温厌氧发酵罐的有效容积为1 200m^3，沼气发电机额定功率为120kW，2009年正式投入使用。除此之外，该公司于2005年建造的1 200m^{3}地下式常温发酵沼气池和800m^{3}地面式常温发酵沼气池仍同时使用。猪粪便用冲栏水稀释后进中温厌氧发酵罐进行中温发酵，猪尿进地下及地面式常温发酵沼气池进行常温发酵。发酵产物为沼液、沼渣和沼气。沼液流经13.32hm^{2}水稻田，用于灌溉可代替化肥节约农药，多余的沼液经三级过滤好氧延迟存储工程技术处理后最终达到排放要求；沼渣直接出售；沼气用作生活燃料和沼气发电，从2016年开始，可以发电上网，享有政府补贴。发电机运转发出的热量由热量回收装置回收后，一方面传送至发酵罐进行加热，保持罐内35℃的发酵温度，该沼气工程具有产气量大且稳定、粪尿处理能力强的特点，不仅最大限度地实现了资源的循环利用，而且还完全消除了猪粪尿的直接污染，解决了传统的地面式及地下室常温发酵池冬季处理能力低下、污染严重的问题，另一方面以热水的形式流经食堂、浴室等用于做饭、沐浴、洗衣等。该养殖场沼气工程收益主要来自于沼气发电的收益、沼气用作燃料的收益、出售沼渣的收益、沼液代替化肥的间接收益，以及利用发电机发电的部分余热以热水的形式用于沐浴、洗衣、做饭的间接收益；年运行成本主要包括发电机、管道等设备的年维护费用、沼气工程自身年能耗费用、厌氧发酵罐的年清淤费用和管理人员的薪酬。泰华牧业年产沼气47万m³，在满足生产生活需要后还可发电30余万度，以萍乡市生物质能源发电上网价格1.07元/度计，可为泰华养殖场带来直接经济收益30余万元。泰华牧业完全消除了剩余沼气直接外排的污染现象。利用生物质能源发电上网补贴政策，从市场机制的角度激励企业主动消除沼气污染，是卓有成效的。

（二）规模养殖粪尿污染治理流率入树模型构建

结合泰华牧业科技有限公司的实际发展情况以及发展规划，对生猪规模养殖粪尿污染治理简化流率基本入树模型添加辅助变量、外生变量等变量，生猪规模养殖粪尿污染治理流率基本入树模型的构建如图6-6所示。

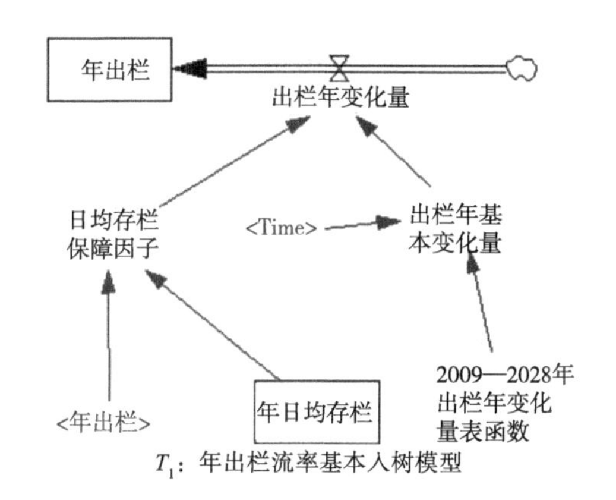

T_1：年出栏流率基本入树模型

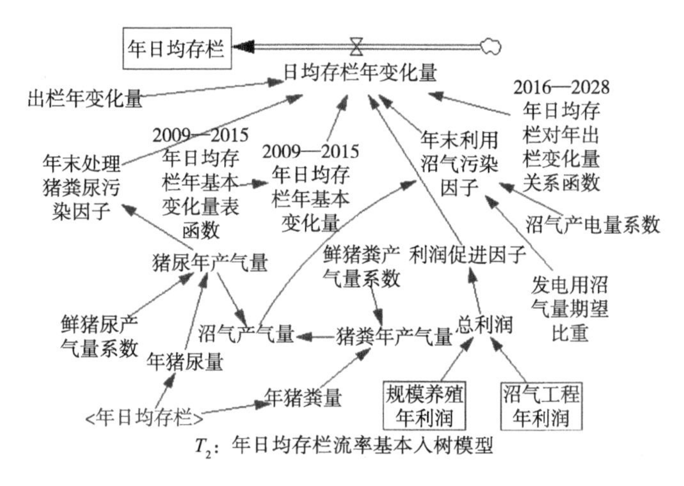

T_2：年日均存栏流率基本入树模型

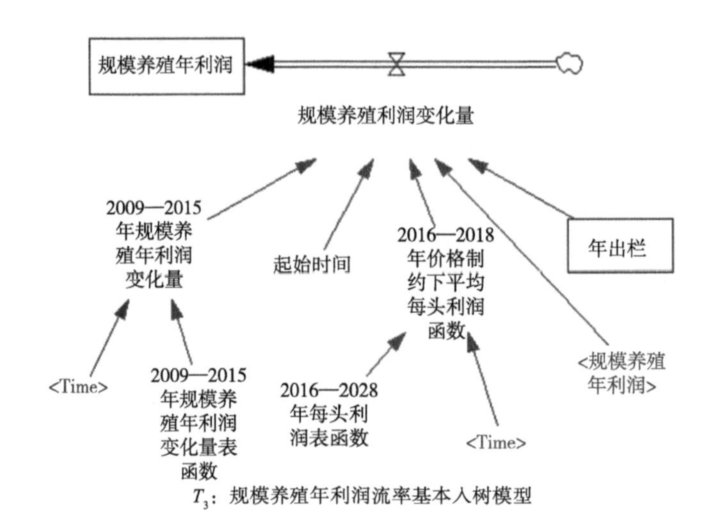

T_3：规模养殖年利润流率基本入树模型

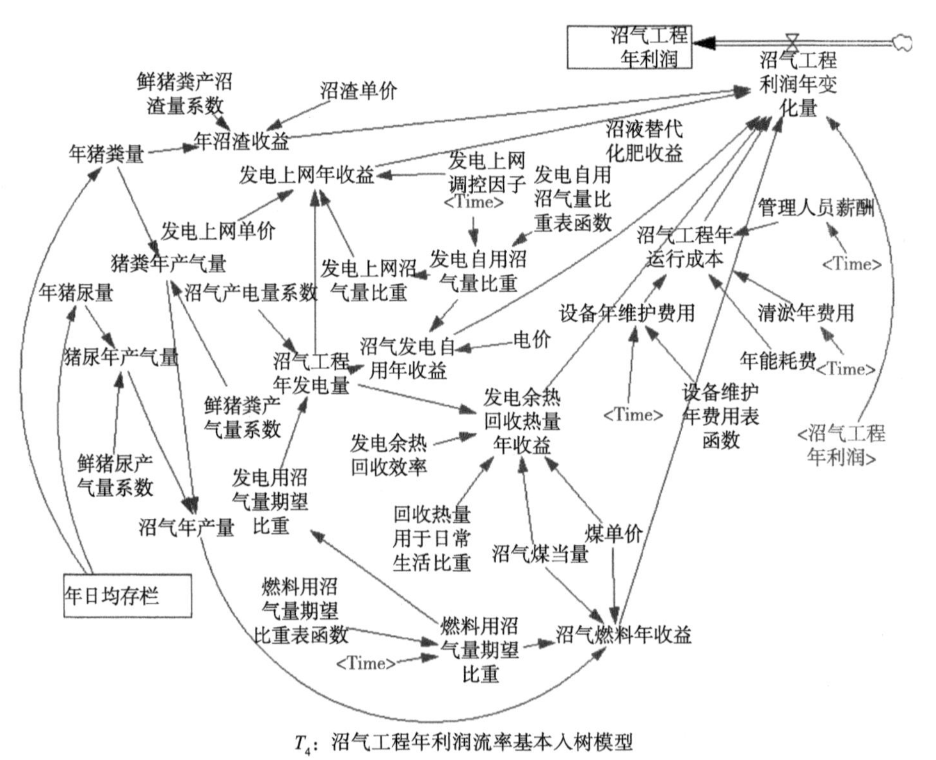

T_4：沼气工程年利润流率基本入树模型

图6-6　生猪规模养殖粪尿污染治理流率基本入树模型

（三）仿真方程的构建

仿真方程构造如下。

（1）出栏年变化量（头/年）=出栏年基本变化量×日均存栏保障因子。

日均存栏保障因子=IF THEN ELSE（年日均存栏>0.506×年出栏，1，0.96），该选择函数中0.506为2013—2015年日均存栏与年出栏比的平均值；0.96为调控参数。

（2）日均存栏年变化量（头/年）=2009—2015年日均存栏年基本变化量+2016—2028年日均存栏对年出栏变化量关系函数×出栏年变化量×利润促进因子×年未处理猪粪尿制约因子×年未利用沼气污染因子。

2016—2028年日均存栏对年出栏变化量关系函数=STEP（0.506，2015），该跳跃函数表示的是设定从2016年开始取值为0.506，之前都取零。

利润促进因子=IF THEN ELSE（总利润>-1，1，0.9），该选择函数刻画的是即使当年养殖场略亏损，企业规模仍继续发展。

年未处理猪粪尿制约因子=IF THEN ELSE（猪尿年产气量+猪粪年产气量>610 776，0.9，1），610 776为根据文献中的公式计算出的泰华养殖场一个厌氧罐和两个发酵池一年的最大产沼气量，该方程刻划的是当“猪尿年产气量+猪粪年产气量≥610 776”，即理论产气量大于实际最大产气量时，也就意味着沼气工程不足以处理猪粪尿，当年未处理的猪粪尿逐年堆积产生污染，从而影响日均存栏数，形成对系统的制约。

年未利用沼气污染因子=IF THEN ELSE（沼气年产量×发电用沼气量期望比重×沼气产电量系数>414 720，0.9，1），414 720为该发电机在标准工况下的年最大发电量，该方程刻划的是当“发电用沼气量×发电用沼气量期望比重×沼气产电量系数>414 720”，即理论发电量大于实际最大发电量，也就意味着发电机没有消耗完沼气，剩余的沼气只能向外排放，产生污染，从而影响日均存栏数，形成对系统的制约。

（3）规模养殖利润年变化量（万元/年）=2009—2015年规模养殖年利润变化量+（2016—2028年价格制约下平均每头利润函数×年出栏/10 000-规模养殖年利润）×起始时间。

起始时间=STEP（1，2015），该跳跃函数刻画的是规模养殖年利润变化量在2009—2015年时间段内由2009—2015年规模养殖年利润变化量决定，在2016—2028年时间段内由算式2016—2028年价格制约下平均每头利润函数×年出栏/10 000-规模养殖年利润决定。

（4）沼气工程利润年变化量（万元/年）=沼气燃料年收益+沼气发电自用年收益+沼液替代化肥收益+发电上网年收益+年沼渣收益+发电余热回收热量年收益-沼气工程年运行成本-沼气工程年利润。

沼气燃料年收益（万元）=沼气年产量×燃料用沼气量期望比重×煤单价×沼气煤当量/10 000 000，沼气年产量（m^3）=MIN［（猪尿年产气量+猪粪年产气量），610 776］，该方程刻画的是沼气年产量取“猪尿年产气量+猪粪年产气量”和沼气工程最大产气量610 776的最小值。

猪尿年产气量（m^3）=年猪尿量×鲜猪尿产气量系数，猪粪年产气量（m^3）=年猪粪量×鲜猪粪产气量系数，鲜猪尿产气量系数按照3%×257.3（m^3/t）计算，鲜猪粪产气量系数为18%×459.54（m^3/t）。年猪尿量（t）=年日均存栏×2.6×365/1 000，年猪粪量（t）=年日均存栏×1.5×365/1 000，2.6kg和1.5kg分别为泰华养殖场实测每头猪日平均排尿粪量。

沼气发电自用年收益（万元）=发电自用沼气量比重×沼气工程年发电量×电价/10 000；沼气工程年发电量=MIN（沼气年产量×发电用沼气量期望比重×沼气产电量系数，414 720）。

沼液替代化肥收益（万元）=4.4，这是因为泰华养殖场下游仅有13.3hm^2农田，用于种植水稻、马铃薯等作物，可完全吸收日均存栏1 000头猪产生的沼液量，因此，本书只计算用于灌溉13.3hm^2农田的那部分沼液年代替化肥减少农药用量的间接受益，为4.4万元。

发电上网年收益（万元）=发电入网单价×发电上网沼气量比重×沼气工程年产总电量×发电上网调控因子/10 000；发电上网调控因子=STEP（1，2015），刻画的是该养殖场2016年初才可以发电上网，因此值为1，之前的值都为零；发电入网单价（元/kWh）=1.07，1.07是萍乡市给予生物质资源发电上网补贴后的电单价。

发电余热回收热量年收益（万元）=沼气工程年产总电量×回收热量用于日常生活比重×发电余热回收效率×沼气煤当量×煤单价/15 000 000；发电余热回收效率取40%；沼气煤当量3.131 8kg/m^3。

沼气工程年运行成本=管理人员薪酬+清淤年费用+设备年维护费用+年能耗费；考虑我国经济的快速发展以及工资水平的上调，设定管理人员薪酬和清淤年费用均以每年8%的幅度递增。

三、模型的检验与仿真分析

（一）模型的检验

系统动力学模型的检验方法一般有量纲一致性检验、模型界限是否合适、极端条件检验、外观检验、现实性检验等。本模型通过了量纲一致性检验、模型界限检验、外观检验，下面进行现实性检验和极端条件检验。

1. 现实性检验

该养殖场冬季采取燃烧沼气加热水进行热水循环的方式给猪舍保温，随着年日均存栏数的增加燃料用沼气量应增加，因此沼气燃料年收益逐年增加；夏季采取电制冷的方式给猪舍降温，随着年日均存栏数的增加养殖场自用电量应增加，因此沼气发电自用年收益逐年增加，如图6-7、图6-8所示。

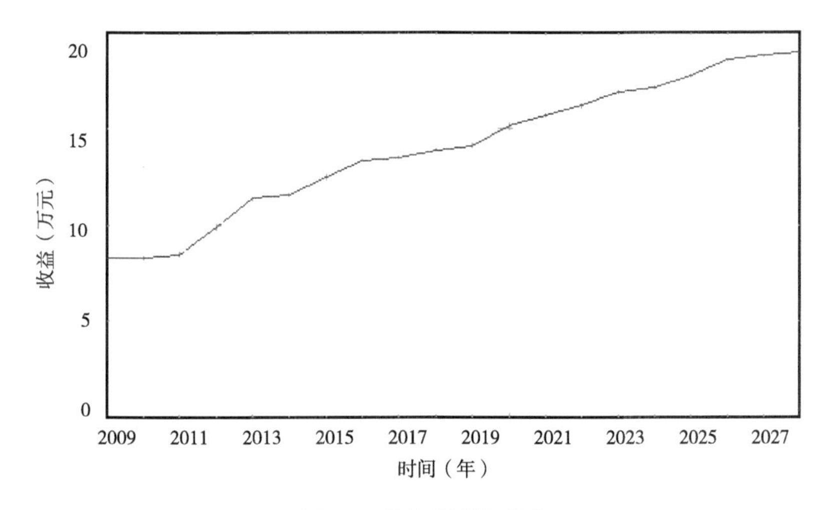

图6-7　沼气燃料年收益

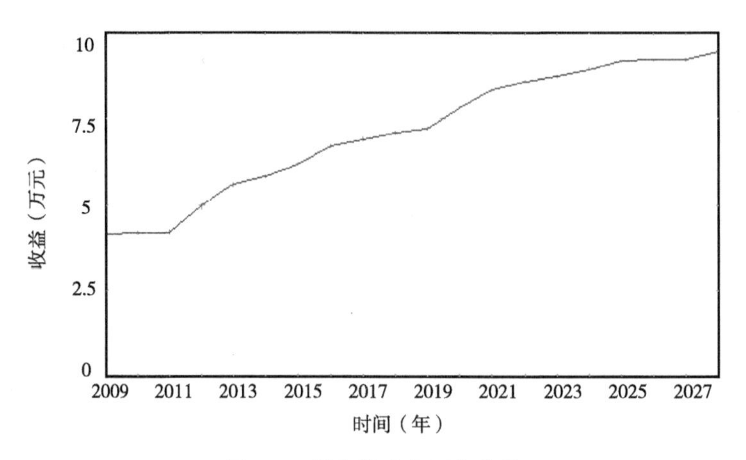

图6-8　沼气发电自用年收益

该沼气工程的管理人员薪酬、年清淤费、维护成本均随着年数的增加而增加，因此运行成本也呈现整体上涨的趋势；由于需要每3～4年支付一次沼气发电机的大修费用，因此运行成本曲线应呈现整体上涨，每3～4年一大涨的周期变化；该沼气工程于2028年底报废，故当年不再进行维护，因此，该沼气工程2028年的运行成本由管理人员薪酬、年清淤费、年能耗费构成，维护成本不再计入年运行成本中，如图6-9所示。

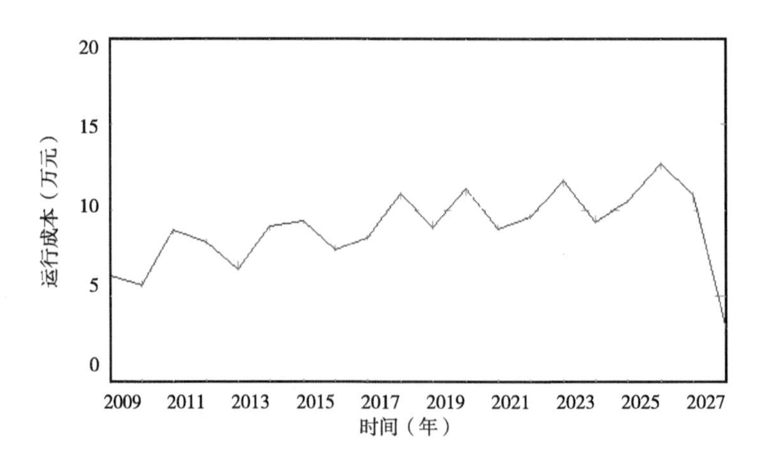

图6-9　沼气工程年运行成本

2. 极端条件检验

该沼气工程发电机在正常工作状况下年最大发电量为414 720kWh，随着养殖场日均存栏数的增加，年产沼气量逐年增大，而用作生活燃料的沼气量增加较慢，因此用作发电的沼气量增加较快。当沼气量超出发电机消耗量时，年发电量应取决于发电机年最大发电量。此模型于2026年达到了此极端情况，从2026—2028年年发电量均不再增加。若养殖场加快扩张养殖规模，极端情况会提前出现。如图6-10所示。

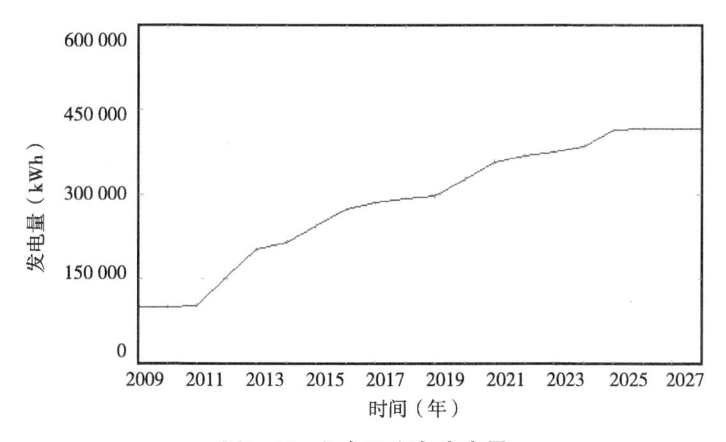

图6-10　沼气工程年发电量

（二）模型的仿真及分析

通过对模型的仿真，得到沼气工程年利润的收益曲线，如图6-11所示。

从图6-11可以看出，随着养殖场日均存栏数的增加，沼气工程的年利润在逐年增加，2016年利润增大幅度较大，是因为从该年始可以沼气发电上网，多余的电量产生了经济效益，从而使收益曲线大幅提升；曲线呈现3～4年周期性下跌，主要是因为需要支付发电机3～4年的周期大修费用而导致的收益降低。

本书考虑在政府补贴的条件下，通过计算净收益现值（NPV）来对沼气工程经济效益进行评价。这里假定泰华沼气工程2028年底残值为10万元；社会贴现率为10%。泰华养殖场2008年投资360万元建设沼气工程，政府补贴90万元。财务分析如表6-2所示。

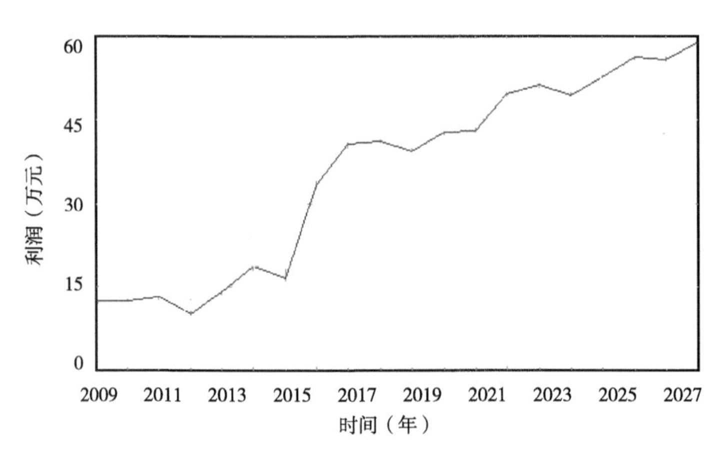

图6-11　沼气工程年利润

表6-2　泰华养殖场财务现值分析

年份	2008	2009	2010	2011	2012	2013	2014	2015	2016	2017	2018
初始固定投资（万元）	270	—	—	—	—	—	—	—	—	—	—
年利润（万元）	—	12.59	12.58	13.17	10.22	14.06	18.61	16.69	33.35	38.94	39.74
净利润现值（万元）	−270	11.45	10.40	9.89	6.98	8.73	10.50	8.56	15.56	16.51	15.32
年份	2019	2020	2021	2022	2023	2024	2025	2026	2027	2028	合计
初始固定投资（万元）	—	—	—	—	—	—	—	—	—	—	
年利润（万元）	38.23	40.96	42.93	49.21	50.44	49.74	53.16	56.15	55.07	67.16	
净利润现值（万元）	13.40	13.05	12.44	12.96	12.07	10.82	10.52	10.10	9.09	10.08	−41.57

由财务分析表计算可得净收益现值NPV=−41.57（万元），由NPV<0

知，在现行的政府补贴和发电上网两项政策的支持下，泰华养殖场沼气工程不具有经济可行性。下面对现有的发电入网单价和政府补贴两项政策进行调整，分别以10%的幅度递增，计算出各情况下的NPV，结果如表6-3所示。

表6-3　基于现有政策的调整分析表

发电入网单价增长比例（%）	10	20	30	20
政府补贴增加比例（%）	10	20	20	30
NPV（万元）	−25.18	−8.59	−1	0.41

计算结果表明，在现有的发电入网和政府补贴两项政策的基础上，发电入网单价增加20%、政府补贴增加30%，此时NPV=0.41，泰华养殖场沼气工程才具有经济可行性。

泰华养殖场是萍乡市规模较大、发展较好的养殖企业，但是从财务分析可知其沼气工程仍然不具有经济可行性。目前，当地养殖企业是用养殖利润来补贴沼气工程的亏损，而且对于大多数企业来说，沼气工程初始固定投资资金往往是来自银行贷款和政府投资，因此企业在承担沼气工程亏损的同时还需要支付由建设沼气工程带来的银行利息，这一隐性成本也不可忽视。如果在一些经营状况不太理想的养殖企业，沼气工程的运营现状会更加糟糕，沼气工程的作用也将大打折扣，从而造成了资源的浪费和环境的污染。萍乡市的这种情况在全国来看也具有普遍性。因此，仅靠政府补贴和发电上网两项支持政策，大型养殖场沼气工程不具有经济可行性。

第二节　基于养殖沼液治理效率提升的企业环境行为优化

上节对生猪规模养殖沼气工程污染治理系统进行系统分析，确定流率流位系、构建流率入树模型，最后以江西泰华牧业科技有限公司为例，对该大型养殖场的沼气工程的经济效益做出分析与评价，研究促使沼气工程运行稳定性的必要条件，从而提升猪粪尿治理效率。本节针对猪粪尿经沼气工程发酵后的产出物沼液，研究沼液治理效率提升的可行途径。

一、养殖企业、有机肥厂合作演化博弈模型构建

沼液为生猪粪尿经沼气工程发酵后的液体物质，是一种可再利用的资源但也易由过量氮磷离子、重金属离子等造成环境污染。种养结合消纳沼液在实际操作中存在多个问题难以解决，如养殖企业周边农田的沼液消纳能力不足，过量施用会导致氮磷、重金属离子污染及作物烧苗；运输成本较高、储存占地面积大、施用不如商品肥方便等原因导致种植企业参与度不高；沼液施用安全性存在争议；由于作物生长周期原因导致冬季沼液污染加重。因此，仅靠种养结合模式难以消除沼液污染，还需要其他沼液消纳模式作为补充。

近年来，我国农村资源紧张的问题一直未能得到解决。沼液是制作生物液体有机肥的良好原料，将沼液加工成有机肥产品，不仅可以避免沼液污染，还可以再利用沼液资源、缓解我国农村资源紧张的困境。近年来随着价值成分回收、膜浓缩等技术的进步，为具有一定附加值的沼液资源化利用提供了技术支持。当前，已有有机肥企业投产沼液有机肥项目，例如，江西正合生态农业有限公司已引进了液态有机复合肥生产线，使用沼液生产生物液态有机肥，预计可年产沼液有机肥约3万t；宁波龙兴生态农业科技开发有限公司成功研发“沼液生态肥”，原料来自周边35家养殖场的沼液，产品现已进入市场。由此可见，“养殖企业+有机肥厂”的沼液有机肥合作开发模式具有可行性且已有成功合作的案例。由政府扶持、养殖企业和有机肥厂合作，以沼液为原料生产沼液有机肥的合作开发模式可以帮助养殖企业节约沼液处理成本、消除沼液污染，更好的促进我国生猪规模养殖业的可持续发展，还可以在高层次上再利用沼液资源，同时保护了农村自然环境，是种养结合消纳沼液模式的良好补充。因此，有必要对如何更好的引导养殖企业和有机肥厂参与沼液有机肥合作开发进行研究。

（一）模型假设与设定

在构建养殖企业与有机肥厂之间行为交互的演化博弈模型之前，有必要做出一些基本符合现实情况且有利于简化分析的假设与设定。

假定养殖场群体和有机肥厂群体具有一定的理性，在沼液有机肥合作开发的这一问题上均具有两种策略选择：合作与不合作。故策略集如下：（合作，合作），（合作，不合作），（不合作，合作），（不合作，不合作）。为了便于表述，对参数做出如下设定。

（1）养殖场沼液总量为Q单位，沼液中所占比例最大的是水分，还包括氮磷等有效成分、重金属离子等，沼液总量主要是由猪粪尿及冲栏水的总量决定。

（2）沼液中含有q单位的有效物质（指可以制作沼液有机肥的成分，主要为氮磷元素等成分）以及m单位的重金属离子，有效物质和重金属离子的量主要是由养殖规模等决定。

（3）养殖场土地资源禀赋所决定的消纳量n。养殖场所拥有的土地资源禀赋主要包括土地面积、土壤类型等，一般来说，土地面积大、土壤类型有利于消纳沼液的养殖场，沼液消纳量大，土地资源禀赋较好。

（4）种养结合主要是为了消纳沼液中的氮磷等成分和重金属离子。从我国现实情况来看，养殖场自身所拥有的土地无法完全消纳沼液，沼液过量已成为普遍现象，因此，养殖场通常会采取以下方式来消纳过量的沼液：高成本的正外部性环境行为——租用周边农户土地或与种植企业合作；低成本的负外部性环境行为——将沼液偷排进河流，但是偷排沼液过多会造成农户作物烧苗，一旦被发现，需赔偿农户经济损失及缴纳行政罚款，本书将这两种过量沼液处理方式统称为外部处理方式，假设过量沼液的外部处理单位成本为C_2，则C_2可表示为上述两种处理方式成本的加权平均值。假设养殖场在自身拥有的土地上消纳沼液需付出单位处理成本C_1，本书称之为内部处理方式，结合实际情况有$C_1<C_2$；此外，为了简化模型，在表示养殖场处理过量沼液付出的外部处理成本时，以有效物质q的单位量计，不考虑重金属离子，这一假设对结论无影响。

（5）沼液的单位运输成本为t，将沼液从养殖场运送到有机肥厂，该费用由有机肥厂支付。

（6）有机肥厂生产沼液有机肥的单位成本为d，主要包括去水、去重金属离子、配方、封装等流程。沼液去水流程的成本不仅与技术工艺有关，还与有效成分的浓度有关，浓度越低，去水量越大，成本也就越高，而有效成分的量是由养殖规模等决定的，因此也可以说，沼液总量越大，去水成本越高；设去水工艺成本系数为a，去沼液重金属离子的成本系数为b，均由技术工艺决定；配方及封装等成本为常量，设为e。为了简化模型且要满足上述分析，本书选用线性函数表示沼液有机肥的单位生产成本：$d=aQ+bm+e$。在制造有机肥过程中，沼液原本的有效物质并不发生变化，因此，假定一单位的有效物质仍可生产一单位的液体有机肥。

（7）一单位沼液有机肥市场价格为P，政府单位补贴为S；若养殖场要寻求与有机肥厂合作，需付出信息搜寻成本F_1，同理，若有机肥厂要寻求与养殖场合作，需付出信息搜寻成本F_2。

（8）有机肥厂的资源是有限的。相比于其他有机肥，比如固体有机肥，生产沼液有机肥经济回报较低，因此，由生产其他有机肥转为生产沼液有机肥，会产生机会成本g。

结合上述假设和设定，养殖场、有机肥厂两方博弈支付矩阵可表示如表6-4所示。

表6-4　养殖场、有机肥厂支付矩阵

有机肥厂	养殖场	
	合作	不合作
合作	$-F_1$；$q[P+S-(aQ+bm+e)-g]-Qt-F_2$	$-nC_1-(q-n)C_2$；$-F_2$
不合作	$-nC_1-(q-n)C_2-F_1$；0	$-nC_1-(q-n)C_2$；0

（二）模型的演化分析

假设养殖场群体中采取合作策略的比例为P_1，则采取不合作策略的比例为$1-P_1$；有机肥厂群体中采取合作策略的比例为P_2，则采取不合作策略的比例为$1-P_2$。$0 \leq P_1$，$P_2 \leq 1$。

养殖场群体采取合作策略的平均收益为：

$$E_{11}=-F_1-(1-P_2)\left[nC_1+(q-n)C_2\right]$$

养殖场群体采取不合作策略的平均收益为：

$$E_{12} = -\left[nC_1 + (q-n)C_2\right]$$

则养殖场群体的平均收益为：

$$E_1 = P_1 E_{11} + (1-P_1)E_{12}$$

有机肥厂群体采取合作策略的平均收益为：

$$E_{21} = P_1\left\{q\left[P + S - \left(aQ + bm + e\right) - g\right] - Qt\right\} - F_2$$

有机肥厂群体采取不合作策略的平均收益为：

$$E_{21} = 0$$

则有机肥厂群体的平均收益为：

$$E_2 = P_2 E_{21}$$

进而可得养殖场、有机肥厂博弈的复制动态方程为：

$$\begin{cases} \dfrac{\mathrm{d}P_1}{\mathrm{d}t} = P_1\left(E_{11} - E_1\right) = P_1\left(1-P_1\right)\left\{P_2\left[nC_1 + (q-n)C_2\right] - F_1\right\} \\ \dfrac{\mathrm{d}P_2}{\mathrm{d}t} = P_2\left(E_{21} - E_2\right) = P_2\left(1-P_2\right)\left\{P_1\left[q(P + S - (aQ + bm + e) - g) - Qt\right] - F_2\right\} \end{cases} \tag{6-1}$$

则式（6-1）的雅可比矩阵为

$$J = \begin{pmatrix} \left(1-2P_1\right)\left\{P_2\left[nC_1 + (q-n)C_2\right] - F_1\right\} & P_1\left(1-P_1\right)\left[nC_1 + (q-n)C_2\right] \\ P_2\left(1-P_2\right)\left\{\begin{matrix} q\left[P + S - \right. \\ \left.(aQ + bm + e) - g\right] - Qt \end{matrix}\right\} & \left(1-2P_2\right)\left\{P_1\left[\begin{matrix} q(P + S - \\ (aQ + bm + e) - g) - Qt \end{matrix}\right] - F_2\right\} \end{pmatrix} \tag{6-2}$$

（三）均衡点稳定性分析

式（6-1）一定具有4个纯策略均衡点（0，0），（0，1），（1，

0），（1，1）。根据均衡点稳定性判断方法：若均衡点的雅可比矩阵行列式值为正、迹值为负，即$detJ>0$且$trJ<0$，则该均衡点是稳定的，对应演化稳定策略（ESS），若雅可比矩阵行列式值为负，则此均衡点为鞍点。（1，1）即（合作，合作）是一个理想的结果，在（1，1）处雅可比矩阵行列式为$J=\begin{pmatrix} -\left[nC_1+(q-n)C_2-F_1\right] & 0 \\ 0 & -\left\{q\left[P+S-(aQ+bm+e)-g\right]-Qt-F_2\right\} \end{pmatrix}$，若要$(1,1)$是演化稳定策略（ESS），需满足以下条件：

$$\begin{cases} \left[nC_1+(q-n)C_2-F_1\right]\left\{q\left[P+S-(aQ+bm+e)-g\right]-Qt-F_2\right\}>0 \\ -\left[nC_1+(q-n)C_2-F_1\right]-\left\{q\left[P+S-(aQ+bm+e)-g\right]-Qt-F_2\right\}<0 \end{cases}$$

。解得：

$$q\left[P+S-(aQ+bm+e)-g\right]-Qt-F_2>0 \tag{6-3}$$

式（6-3）表明，若要养殖场和有机肥厂达成合作，应在考虑生产沼液有机肥带来的机会成本的情况下仍要保障有机肥厂有利可图；否则，如果生产沼液有机肥的经济回报不足以抵消机会成本，那么有机肥厂将不愿意把有限的资源用于生产沼液有机肥，而是继续生产其他有机肥，则沼液有机肥合作开发模式就无法实现。为了研究各参数对养殖场、有机肥厂策略选择的影响，有必要对式（6-1）的均衡点进一步分析。

在满足式（6-3）的条件下，系统式（6-1）具有5个均衡点，分别为（0，0），（0，1），（1，0），（1，1），$\left(P_1^*, P_2^*\right)$，其中，

$P_1^*=\dfrac{F_2}{q\left[P+S-(aQ+bm+e)-g\right]-Qt}$，$P_2^*=\dfrac{F_1}{nC_1+(q-n)C_2}$。对5个均衡点进行稳定性分析。

由表6-5知，在满足式（6-3）的条件下，系统式（6-1）具有两个演化稳定策略（0，0）和（1，1），即（不合作，不合作）和（合作，合作）。由两个不稳定演化策略（0，1）、（1，0）和鞍点$\left(P_1^*, P_2^*\right)$所连接而成的线段可以看成是系统收敛于不同模式的分界线。如图6-12所示。当养殖场、有机肥厂的初始策略选择在区域①和④内时，系统的演化将最终

锁定于“不良”状态，即演化稳定策略（0，0）；当养殖场、有机肥厂的初始策略选择在区域②和③内时，系统的演化将最终收敛于“良好”状态，即演化稳定策略（1，1）。

表6-5　均衡点稳定性分析

均衡点	*detJ*	符号	*trJ*	符号	稳定性
（0，0）	F_1F_2	+	$-(F_1+F_2)$	-	ESS
（0，1）	$[nC_1+(q-n)C_2-F_1]F_2$	+	$nC_1+(q-n)C_2-F_1+F_2$	+	不稳定点
（1，0）	$\begin{Bmatrix} q[P+S-(aQ+bm+e) \\ -g]-Qt-F_2 \end{Bmatrix}F_1$	+	$\begin{Bmatrix} q[P+S-(aQ+bm+e) \\ -g]-Qt-F_2 \end{Bmatrix}+F_1$	+	不稳定点
（1，1）	$[nC_1+(q-n)C_2-F_1]$ $\begin{Bmatrix} q[P+S-(aQ+bm+e) \\ -g]-Qt-F_2 \end{Bmatrix}$	+	$-[nC_1+(q-n)C_2-F_1]-$ $\begin{Bmatrix} q[P+S-(aQ+bm+e) \\ -g]-Qt-F_2 \end{Bmatrix}$	-	ESS
(P_1^*,P_2^*)	$-P_1^*(1-P_1^*)[nC_1+(q-n)C_2]$ $P_2^*(1-P_2^*)\begin{Bmatrix} q[P+S-(aQ+ \\ bm+e)-g]-Qt \end{Bmatrix}$	-	0		鞍点

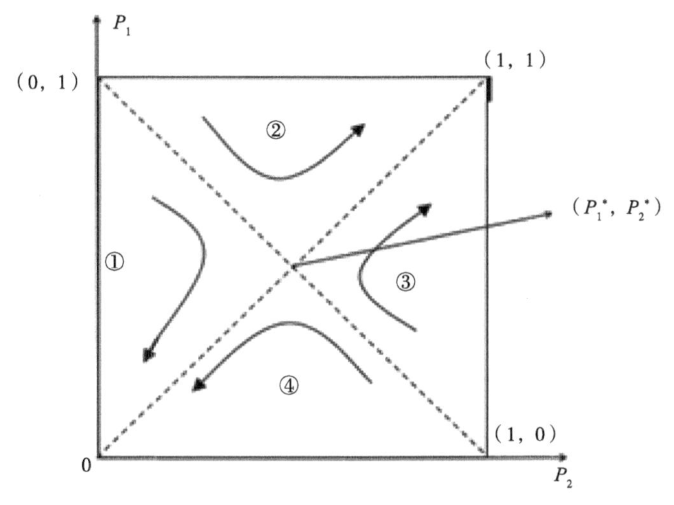

图6-12　养殖场、有机肥厂策略选择交互动态过程

（四）参数分析

若要增大系统收敛于“良好”状态的概率，促使系统演化跳出“不良”锁定状态，可以通过调整鞍点 $\left(P_1^*, P_2^*\right)$ 的位置来增大区域②和③的总面积。由 P_1^* 和 P_2^* 的表达式可以看出，$\left(P_1^*, P_2^*\right)$ 的位置受到多个参数的影响。下面选取几个参数进行参数分析。

1. 政府补贴S

由 $\frac{\partial P_1^*}{\partial S}<0$，$\frac{\partial P_2^*}{\partial S}=0$ 知，当政府提升对沼液有机肥产品的补贴时，P_1^* 减小，P_2^* 不变，鞍点 $\left(P_1^*, P_2^*\right)$ 向正下方移动，区域②面积变大，区域③面积不变，总面积增大，系统演化至（合作，合作）的概率变大。故当政府提升对沼液有机肥产品的补贴时，有利于系统演化跳出“不良”锁定状态。

2. 沼液总量Q

由 $\frac{\partial P_1^*}{\partial Q}>0$，$\frac{\partial P_2^*}{\partial Q}=0$ 知，当养殖场产生的沼液总量降低时，P_1^* 变小，P_2^* 不变，鞍点 $\left(P_1^*, P_2^*\right)$ 向正下方移动，区域②面积变大，区域③面积不变，总面积增大，系统演化至（合作，合作）的概率变大。也就是说，养殖场生产的沼液总量减少，即减少沼液中的水分，由$d=aQ+bm+e$知单位生产成本降低，由Qt知还降低了高昂的沼液运输成本，有利于系统演化跳出“不良”锁定状态。

3. 养殖场处理过量沼液量需付出的单位外部处理成本C_2

由 $\frac{\partial P_1^*}{\partial C}=0$，$\frac{\partial P_2^*}{\partial C}<0$ 知，当养殖场处理过量沼液付出的单位外部处理成本变小时，P_1^* 大小不变，P_2^* 变大，鞍点 $\left(P_1^*, P_2^*\right)$ 水平向右侧移动，区域②面积不变，区域③面积变小，总面积减小，系统演化至（合作，合作）的概率降低。故当养殖场可以通过偷排等低成本方式降低过量沼液处理成本时，不利于系统演化跳出“不良”锁定状态。

4. 信息搜寻成本F_1和F_2

由 $\frac{\partial P_1^*}{\partial F_1}=0$，$\frac{\partial P_2^*}{\partial F_2}>0$；$\frac{\partial P_1^*}{\partial F_2}>0$，$\frac{\partial P_2^*}{\partial F_2}=0$ 知，养殖场为寻求沼液有机

肥合作开发所付出的信息搜寻成本降低时，P_1^* 不变，P_2^* 减小，鞍点 $\left(P_1^*, P_2^*\right)$ 水平向左移动，区域②面积不变，区域③面积增大，总面积增大，系统演化至（合作，合作）的概率变大。同理可知，当有机肥厂为沼液有机肥合作开发所付出的信息搜寻成本降低时，系统演化至（合作，合作）的概率变大。降低养殖场和有机肥厂双方寻求合作的信息搜寻成本，有利于系统演化跳出“不良”锁定状态。

5. 生产沼液有机肥产生的机会成本g

由 $\frac{\partial P_1^*}{\partial g}>0$，$\frac{\partial P_2^*}{\partial g}=0$ 知，当有机肥厂生产沼液有机肥的机会成本降低时，P_1^* 变小，P_2^* 不变，鞍点 $\left(P_1^*, P_2^*\right)$ 向正下方移动，区域②面积变大，区域③面积不变，总面积增大，系统演化至（合作，合作）的概率变大。也就是说，生产沼液有机肥机会成本越低的有机肥厂加入到沼液有机肥合作开发模式的意愿越强，越有利于系统演化跳出“不良”锁定状态。

6. 养殖场土地资源禀赋所决定的消纳量n及有效物质单位量q

由 $\frac{\partial P_1^*}{\partial n}=0$，$\frac{\partial P_2^*}{\partial n}>0$ 知，当养殖场土地资源禀赋所决定的沼液消纳量减小时，P_1^* 不变，P_2^* 减小，鞍点 $\left(P_1^*, P_2^*\right)$ 水平向左侧移动，区域②面积不变，区域③面积增大，总面积增大，系统演化至（合作，合作）的概率变大。由 $\frac{\partial P_1^*}{\partial q}<0$，$\frac{\partial P_2^*}{\partial q}<0$ 知，有效物质单位量增加时，P_1^* 和 P_2^* 均减小，鞍点 $\left(P_1^*, P_2^*\right)$ 向左下方移动，区域②和③面积都增大，总面积增大，系统演化至（合作，合作）的概率变大。有效物质的总量主要是由养殖规模决定的，也就是说，养殖规模越大以及土地资源禀赋越差的养殖场加入沼液有机肥合作开发模式的意愿越强，越有利于系统演化跳出“不良”锁定状态。

本章小结

沼液有机肥合作开发对于我国生猪规模养殖企业的可持续发展、农

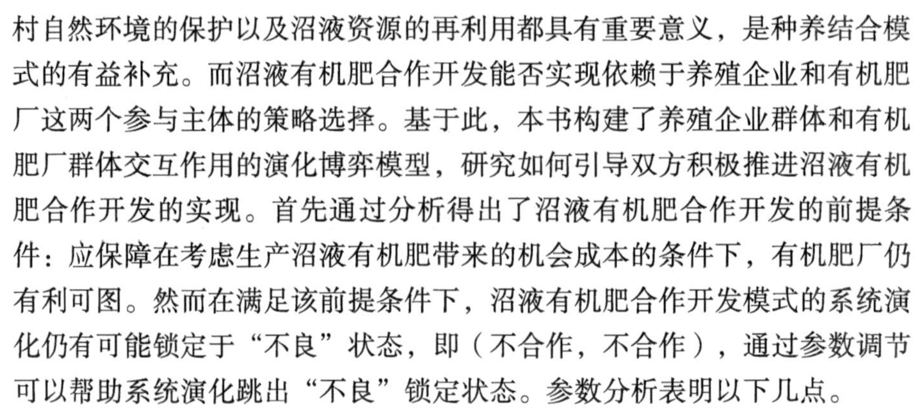

村自然环境的保护以及沼液资源的再利用都具有重要意义，是种养结合模式的有益补充。而沼液有机肥合作开发能否实现依赖于养殖企业和有机肥厂这两个参与主体的策略选择。基于此，本书构建了养殖企业群体和有机肥厂群体交互作用的演化博弈模型，研究如何引导双方积极推进沼液有机肥合作开发的实现。首先通过分析得出了沼液有机肥合作开发的前提条件：应保障在考虑生产沼液有机肥带来的机会成本的条件下，有机肥厂仍有利可图。然而在满足该前提条件下，沼液有机肥合作开发模式的系统演化仍有可能锁定于“不良”状态，即（不合作，不合作），通过参数调节可以帮助系统演化跳出“不良”锁定状态。参数分析表明以下几点。

第一，沼液有机肥合作开发付出的信息搜寻成本的降低、政府对沼液有机肥的补贴的增加均有利于系统演化跳出“不良”锁定状态。

第二，养殖企业沼液减量化处理不仅可以降低沼液有机肥生产成本，更重要的是可以降低沼液运输成本，有利于系统演化跳出“不良”锁定状态。

第三，规模养殖企业偷排沼液成本存在一个阈值。当规模养殖企业偷排沼液的单位成本低于阈值（种养结合处理沼液的单位成本）时，即使是规模养殖企业土地资源禀赋较差，宁愿选择将沼液偷排也不愿意加入沼液有机肥合作中，不利于系统演化跳出“不良”锁定状态；当规模养殖企业偷排沼液的单位成本高于阈值（种养结合处理沼液的单位成本）时，土地资源禀赋越差的规模养殖企业，加入沼液有机肥合作的意愿越强，越有利于系统演化跳出“不良”锁定状态。

第四，养殖规模与其参与沼液有机肥合作开发意愿成正比；有机肥厂生产沼液有机肥的机会成本与其参与沼液有机肥合作开发意愿成反比。

第七章　研究结论、建议与展望　7

第一节　研究结论

近年来，我国生猪养殖业正快速朝向规模化养殖发展，相比于散养，规模养殖具有更好的经济效益，更稳定的产量，能够更好的抵御市场风险，然而，由于规模化程度的不断提升，生猪养殖产生的猪粪尿等废弃物量剧增且日益集中，即使经沼气工程处理，产生的沼液、沼渣也难以被周边土地所消纳，造成了养殖场周边水土的极大污染，猪粪尿等有机物资源变成了生猪养殖的主要污染物。自2015—2018年，农业部连续出台4个农业部一号文件，指出我国农业应走环境友好型的现代化农业的道路，加强畜牧业废弃物再利用，降低农业资源环境的压力，缓解农业面源污染加重的趋势。这表明我国当前的农业污染问题已经得到了党和政府的高度重视。由此可见，对于生猪规模养殖业来说，当前应把提升环境水平放在重要位置，避免养殖污染对我国生猪养殖业的可持续发展形成束缚。在此背景下，本书针对生猪规模养殖废弃物污染问题，对如何提升生猪规模养殖企业环境水平进行了研究和探索。

利用耦合协调度模型，本书测算了2000—2015年我国农业技术进步与农业环境水平之间的耦合度与耦合协调度的变化趋势，并对我国各省（区、市）耦合度与耦合协调度进行了对比分析。主要结论如下。

第一，我国农业技术进步与农业环境水平耦合度经历了颉颃、磨合、高水平耦合阶段；两者的耦合协调度在2009—2015年处于高度耦合协调阶段，表明我国农业技术进步与农业环境水平已处于高水平耦合与高度耦合协调的“双高”状态。

第二，我国农业环境水平呈现“U”形变化趋势，在2013年度过了“拐点”；我国农业技术进步整体上处于上升状态；将变化趋势结合来看，在2000—2009年两者呈现反向耦合关系，2013—2015年呈现正向耦合关系，说明农业技术进步与环境水平相互促进效应已有所展现。

第三，多数地区处于高水平耦合以及中度耦合协调阶段，仅有江苏、浙江、山东、天津、黑龙江处于高度耦合协调阶段；各地区的耦合协调度值均小于耦合度值，表明在我国各地区主要问题是未较好的实现农业技术进步和农业环境水平的协调发展；综合来看，各地区间农业技术进步和环境水平存在一定的区域差异性，江苏、浙江、山东等东部地区农业技术领先于我国其他地区，而我国西南部、西部、华北、东北部农业环境水平优于我国中部及东部地区。

在对我国区域生猪规模养殖情况进行分析的基础上，对我国各地区的生猪规模养殖的环境效率和资源环境承载力进行了测算，主要结论如下。

第一，从2004—2015年，大、中、小规模养殖环境效率从整体上看均呈现增长的状态，大规模养殖环境效率增长得最快，小规模养殖场环境效率提升缓慢，中规模养殖的环境效率平均值最高，大规模养殖的环境效率平均值略低于中规模养殖，小规模养殖的环境效率平均值最低。小规模养殖环境效率方差最小，表明其发展进程最为平缓。在当前我国社会经济发展和环境水平下，中等规模的生猪养殖是最值得推广的养殖类型。

第二，从整体上来看，我国生猪规模养殖资源环境承载力发展呈下降状态，这说明我国生猪规模养殖的发展面临的困难越来越大，资源环境越来越难以支撑生猪规模养殖的快速发展。进一步计算3个子系统承载力的变化情况表明，资源承载力和社会经济承载力从整体上来看，并未出现明显下降的情况，资源承载力还出现了一定的上升，导致资源环境承载力降低的根本原因是环境承载力的持续下降。

从组织行为的角度，利用演化博弈理论，通过对地方政府、排污企业策略选择交互作用下的演化规律的研究，提出了环境税率动态调整，证明了该动态调整可以对系统演化波动进行稳定性控制。与此同时，还发现仅依靠环境税率的及时调整并不能杜绝企业的污染行为，还需要其他措施的共同作用来改善企业的治污策略选择，故进而对演化稳定策略的影响因素进行了分析。本书得出以下几个主要结论：①环境税率固定不变不利于从长期的角度规制企业的环境行为，而环境税率动态调整能够有效抑制政府、企业博弈过程中的波动，使系统的演化达到稳定状态；②适当降低经济指标权重、提高环境指标权重可以有效提高地方政府采取监测策略的概率以及排污企业采取完全治污策略的概率；③提高环境税率征收强度、降低政府监测成本是提高企业采取完全治污策略概率的有效措施；④排污企业采取完全治污策略的概率与其产污污染当量成正比、与初始治污投入力度成反比。

偷排是当前排污企业的一种非法排污行为，本书从组织行为的角度，利用演化博弈理论，考虑企业的偷排行为，对有污染物排放口和无污染物排放口的企业的环境行为的演化规模进行了研究，结论如下。

第一，①对于有污染物排放口的企业，环境税及相关实施条例并不能完全杜绝该类排污企业的非法排污行为，但可以使企业、政府的博弈收敛于一个演化稳定策略；②在非法排污企业中，偷排量越高的企业群体中最终采取完全治污策略的比例越高，偷排量越低的企业群体中最终采取完全治污策略的比例越低，地方政府应将监管重心放在偷排量较小的非法排污行为上；③提升企业环境行为的关键是控制偷排量占比，将偷排量占比限制在阈值之内并提升其污染物去除率才会对企业环境行为产生正向推动作用。

第二，在针对无污染物排放口的规模养殖企业的环境行为这一问题上，考虑地方政府部门往往难以实施及时有效的监管、农户在改善企业环境行为上发挥重要作用这一现实背景，通过对无污染物排放口的规模养殖企业的环境行为的静态博弈分析得出如下结论，企业最优选择是纯战略完全治污的概率：①与环境污染致使牲畜患病的概率成正比；②与环境污染致使牲畜患病的经济损失成正比；③与企业经济补偿农户标准成正比；④与环境污染被通报造成的声誉损失成正比；⑤与地方政府部门“成功审查”的概率成正比。农户最优选择是纯战略监督的概率：①与社会关系需求收益成反比；②与企业经济补偿农户标准成正比；③与农户成功监督举报企业污染行为获得的心理满足感收益成正比；④与地方政府部门“成功审查”的概率成正比。

通过对无污染物排放口的规模养殖企业的环境行为的动态的演化博

弈分析得出如下结论：①动态赔偿系数优化措施能够有效的抑制农户、企业博弈过程中的波动，使系统的演化收敛于一个演化稳定策略，从而证明了该措施的有效性；②要增大企业群体中采取完全治污策略的比例，提高赔偿力度、降低农户举报成本都是有效的促进措施，同时农户群体中采取举报策略的比例会降低，这是一个理想的结果；③对于那些治污力度较高的企业群体，农户群体中采取举报策略的比例会较低，而最终这类企业群体中采取完全治污策略的比例也会较低，从而造成长期的污染和经济损失；④畜牧企业群体中采取完全治污策略的比例与养殖规模正相关，对于规模较小的畜牧企业群体，农户应更加注意其环境行为。

利用系统动力学方法建模，从经济效益的角度分析了沼气工程稳定运营的动力机制，以江西泰华牧业科技有限公司为例进行了仿真分析，发现在现行政策下，该企业沼气工程不具有经济效益，在萍乡市现有的发电入网和政府补贴两项政策的基础上，发电入网价格增加20%、政府补贴增加30%，该企业沼气工程才具有经济可行性。该结论在一定程度上揭示了我国当前沼气工程运行效果不够理想、猪粪尿处理不够完全的内在原因。

沼液有机肥合作开发对于我国生猪规模养殖的可持续发展、农村自然环境的保护以及沼液资源的再利用都具有重要意义。沼液有机肥合作开发能否实现依赖于养殖企业和有机肥厂这两个参与主体的策略选择。通过对养殖企业群体和有机肥厂群体选择合作的博弈模型分析得出如下结论。

第一，沼液有机肥合作开发模式的系统演化有可能收敛于“良好”状态，有可能锁定于“不良”状态，即（不合作，不合作），通过参数调节可以帮助系统演化跳出“不良”锁定状态。

第二，沼液有机肥合作开发付出的信息搜寻成本的降低、政府对沼液有机肥的补贴的增加均有利于系统演化跳出“不良”锁定状态。

第三，养殖企业沼液减量化处理不仅可以降低沼液有机肥生产成本，还可以降低沼液运输成本，有利于系统演化跳出“不良”锁定状态。

第四，规模养殖企业偷排沼液成本存在一个阈值。当规模养殖企业偷排沼液的单位成本低于阈值（种养结合处理沼液的单位成本）时，即使是规模养殖企业土地资源禀赋较差，宁愿选择将沼液偷排也不愿意加入沼液有机肥合作中，不利于系统演化跳出“不良”锁定状态；当规模养殖企业偷排沼液的单位成本高于阈值（种养结合处理沼液的单位成本）时，土地资源禀赋越差的规模养殖企业，加入沼液有机肥合作的意愿越强，越有利于系统演化跳出“不良”锁定状态。

第五，养殖规模与其参与沼液有机肥合作开发意愿成正比；有机肥厂生产沼液有机肥的机会成本与其参与沼液有机肥合作开发意愿成反比。

第二节　政策建议

农业的可持续发展问题是我国政府所面临的巨大挑战之一，也是学者关注的一个重要课题。作为我国生猪业的主要养殖模式以及农业的重要组成部分，生猪规模养殖的粪尿和沼液等污染物外排，使得生物质有机物资源变成了污染源，不仅造成资源的浪费、无法缓解我国农村资源紧张的局面，更重要的是给养殖场周边的水土造成严重污染，对当地农村经济发展和社会和谐都带来了巨大的负面影响。针对生猪规模养殖环境污染问题，本书始终以生物质资源再利用为宗旨，通过实地调研，探究促进生猪规模养殖良好发展、环境污染减量化、实现社会整体效益提升的管理对策。

一、重视生猪规模养殖技术进步对提升环境水平的推动作用

我国农业技术进步和农业环境状况对我国的可持续发展具有重要意义。农业技术的进步不仅要保证生产率，还要符合我国农业环境的要求。在农业环境的改善方面，应认识到农业技术在改善环境上的重要作用，通过农业技术的进步在各个生产环节上管控农业污染物产生量与排放量，达到不仅要“治污”，更重要的是“防污”的效果。

在继续加强农业扶持政策的基础上，强化农业科技成果的转化率与利用率，推动我国农业从传统的“高污染”的粗放式生产技术向“清洁”型生产技术逐步转变，为实现我国农业技术进步与农业环境协调发展提供了一条重要的现实途径。

我国国土辽阔，地域跨度大，各地区的农业资源要素禀赋、经济发展水平、环境容量均有较大差异，导致我国农业技术和农业环境水平展现出了明显的区域差异性特征。当前，我国东部地区应迫切加快农业“清

洁”型生产技术的研发与推广，那些耦合协调度较低的地区，在加大政策支持力度的同时，还要明确自身的特点与所需的技术类型，提升农业技术的生产力，打破“高耦合低协调”的局面；同时，各地政府要加强环境规制力度，完善环境监管体系，将农业环境的“声音”深化到农业技术进步中去，从而进一步构筑农业技术进步与环境改善之间相互促进协调发展的良好格局。

对于生猪规模养殖而言，也应重视技术进步对提升环境水平的巨大推动作用。随着我国社会经济发展以及科技的进步，我国生猪大、中、小规模养殖环境效率均得到了提升，其中大规模养殖环境效率稳定的持续增长，这与其最先改进养殖技术以及更新污染处理设备密不可分；小规模养殖环境效率提升的最为缓慢，这是由于其在养殖技术、污染处理能力发展缓慢所致，中等规模养殖环境效率最高。通过松弛变量的分析可以看出，各规模养殖均存在投入冗余的现象，可以通过改良养殖技术来适当缩短存栏周期，另外，大和小规模养殖在化学需氧量上存在严重的产出过量，需进一步提升污染物处理技术以及饲料的加工技术，降低单位产品污染物的产出及排放水平。

二、限制养殖规模的急速扩大，注重降低生猪规模养殖污染物排放水平

我国生猪养殖在规模化的进程中，部分养殖企业规模的急速扩大，使得企业的治污能力难以处理急剧增加的养殖污染物，污染物变成了污染源。对于地方政府而言，需严格养殖用地审批制度、加强对企业生猪存栏量的核实工作，适当控制养殖规模的快速扩大；做好养殖企业治污设备的督察工作，确保养殖企业治污能力与养殖规模相匹配，杜绝出现养殖规模扩大、治污能力不足的现象。当前我国生猪规模养殖环境效率虽然有所提升，但环境承载力出现了持续下降现象，这表明当前严峻的环境形势已经越来越难以支撑当前生猪规模养殖的快速发展，环境承载力下降已经成为生猪规模养殖可持续发展的客观制约因素，这就要求，提升生猪规模养殖环境效率不能仅靠优化投入，更重要的是要减少非期望产出（各种污染物），换句话说，降低环境负面影响基础上的环境效率的提升才能和当

前我国环境承载力相适应，这种提升对于生猪规模养殖业才是有意义的，而仅仅提升环境效率是无意义的。因此，降低生猪规模养殖污染物排放水平，不仅对于提升生猪规模养殖的“绿色”环境效率具有重要意义，也对我国生猪规模养殖业的可持续发展具有举足轻重的作用。

三、提高猪场粪污的治理能力，促进生猪规模养殖可持续发展

要制定和执行严格的养殖业排污限量标准，防止大规模养猪场造成严重的环境污染。我国已制定了一系列的法律法规，对养殖业污染物排放与治理进行规范。《畜禽规模养殖污染防治条例》和《中华人民共和国土壤污染防治法》等更有针对性的法规也已出台，对养殖业污染物排放提出更加严格的规定。国家有关部门要按照法律法规的规定，对规模猪场的建设和粪污排放进行严格监管，对未达标的猪场或违反规定的行为给予惩处。同时，国家应加大环境污染的治理投入，通过排污设施或粪污处理费用的补贴或贴息贷款等措施，帮助规模养殖场减轻因治理粪污而带来生产成本增加的负担，维持其成本效益优势。

要运用科技手段减少猪场粪污。从品种改良角度，要培育生长速度快、饲料转化率高的生猪品种，缩短饲养周期，减少生猪粪污排放总量。从饲养管理角度，要为生猪的生长发育提供适宜的环境条件，充分发挥生猪的生产性能，达到缩短饲养周期、减少粪污排放的目的。从饲料来源角度，可考虑配制平衡全价日粮，提高养分的利用率，如在日粮中添加必需氨基酸，降低粗蛋白水平，可以减少氮的排放量；添加植酸酶降解植酸磷，可以减少磷的排放量；添加活性炭、沙皂素等除臭剂，可有效控制臭味，降低有害气体的污染。从改进生产工艺角度，通过粪尿干湿分离、干粪堆积发酵等方法对猪场粪尿进行净化处理，将生猪粪便处理转化为有机肥料再利用，发展生态型、环保型养猪业。

四、适时调整环境税税率

环境税率需要根据地区环境发展水平进行调整，即环境水平较高，税率应适当降低，以示激励，环境水平越低，税率应越高。在适时调整环境税率的基础上，对于上级政府而言，在对地方政府的政绩考核指标中还

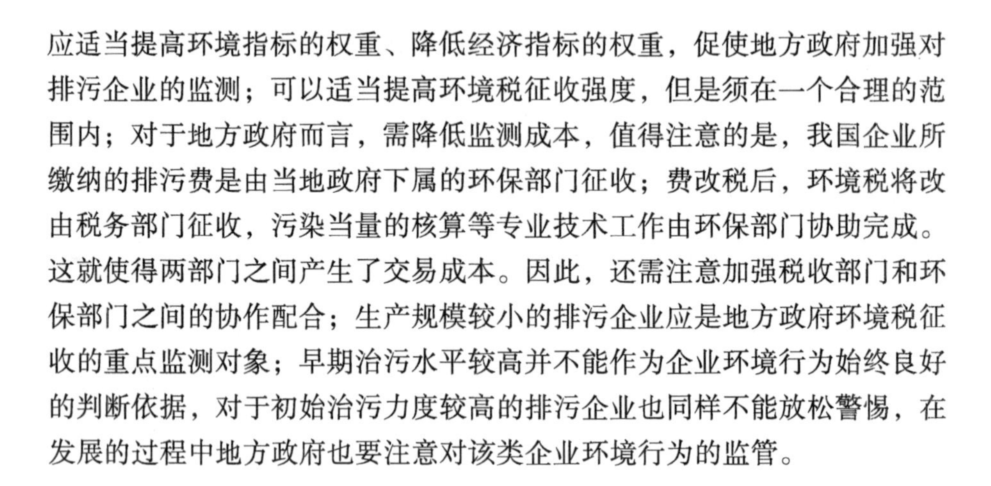
应适当提高环境指标的权重、降低经济指标的权重，促使地方政府加强对排污企业的监测；可以适当提高环境税征收强度，但是须在一个合理的范围内；对于地方政府而言，需降低监测成本，值得注意的是，我国企业所缴纳的排污费是由当地政府下属的环保部门征收；费改税后，环境税将改由税务部门征收，污染当量的核算等专业技术工作由环保部门协助完成。这就使得两部门之间产生了交易成本。因此，还需注意加强税收部门和环保部门之间的协作配合；生产规模较小的排污企业应是地方政府环境税征收的重点监测对象；早期治污水平较高并不能作为企业环境行为始终良好的判断依据，对于初始治污力度较高的排污企业也同样不能放松警惕，在发展的过程中地方政府也要注意对该类企业环境行为的监管。

五、针对有排污口和无排污口的生猪规模养殖企业采取不同的监管

策略对于有污染物排放口的规模养殖企业，在对排污企业的审查上，地方政府应重点审查小规模的非法排污行为，例如随机性的偷排行为，地方政府可以考虑通过完善在线监控系统，充分调动社会公众的监督积极性来加强对该类非法排污行为的检查，对于上级政府而言，随着排污企业偷排量逐步下降，应督促地方政府逐步转变工作重心，加强对小规模偷排的非法排污行为的监管；在规制企业环境行为时，地方政府应将其有限的监管力量重点放在检查其污染物排放情况上，将污染物偷排水平限制在一个较低水平内，再通过检查企业污染物处理设备运行状况等方式来提升企业的污染物去除率，在两种措施的共同实施下逐步提升企业的环境行为。

对于无污染物排放口的规模养殖企业：①加强对规模养殖企业经营者的环境知识教育，让经营者明确环境污染与牲畜传染病之间的紧密关联，知悉一旦传染病在养殖场内蔓延，会给养殖场造成的严重经济损失，从而打消经营者的侥幸心理。②适当提高企业赔偿农户经济损失的标准，不仅可以提高企业采取完全治污策略的概率，还可以鼓励农户更多的参与到对企业环境行为的监督中来。③将针对规模养殖企业的各项优惠和支持政策与企业的声誉挂钩，增大企业环境污染带来的声誉损失造成的经济

损失。④提高地方政府部门“成功审查”的概率，对于农户的举报应及时处理，不仅可以提高企业采取完全治污策略的概率，还可以鼓励农户监督企业环境行为。具体的措施包括：改善政府的监管方式，降低政府检查成本，委托第三方专业技术公司进行监督；上级政府对地方政府的评价指标体系应更加重视“GDP”之外的指标等。⑤加强对农户的思想教育，扭转传统的“老好人”思想，树立正确的“社会关系”观念，对于企业的污染行为严格监督。⑥加强对农户的环境认知教育，让农户知悉环境保护工作的重大意义以及农户在规制规模养殖企业环境行为方面的重要作用，提升农户的责任心和荣誉感，并适当给予农户奖励。

六、进一步提升沼气工程的收益、推动沼液合作开发模式的实施

要促使规模养殖企业沼气工程的稳定运转，提升沼气工程处理猪粪尿的效率，需使规模养殖场沼气工程具有良好的经济可行性，应提升政府补贴和发电上网两项政策的支持力度，还需要进一步提升其收益，其中开发沼液、沼渣有机肥是一条重要的途径。开发沼液、沼渣有机肥是一个渐进的过程，这个过程需要科研机构、公司、农户、政府的“四位一体”合作开发模式，共同促进沼液、沼渣有机肥的规模化与商品化。提升沼气工程收益的另一条途径是种植高经济效益的作物，把“种—养”更好的结合起来，从而开发出更大的经济价值，还需适当提升对沼液有机肥的补贴额度。

构建信息发布平台，建立合作规范准则，为养殖企业和有机肥厂的合作提供信息支持以及在合作中做好协调工作。

沼气的产气量随着季节变化较大，在冬季要采取一些保温措施，更有利于提高沼气产气率。为节约资金投入、提高沼气工程利用率，可以在已建沼气池的基础上，可通过在沼气池上方搭建塑料棚、向沼气池内加温水增温并搅拌等措施进行冬季防寒和保温，提高沼气工程利用率，增强生猪种养一体化农业系统的社会效益。

积极推进养殖企业沼液减量化技术的研发与推广，例如高架网床技术，可大幅减少冲栏水的使用量从而减少85%的沼液量，进而降低沼液有

机肥的生产成本和沼液运输成本，尤其是对降低运输成本效果显著；因此，相比于优化沼液运输工具与运输方式，沼液减量化处理从沼液产生源头入手控制沼液产量，应是更行之有效的降低沼液运输成本的途径。

提高规模养殖企业偷排处理沼液的单位成本，一方面应加强对养殖企业排污的监督工作，及时发现规模养殖企业的沼液偷排行为，减少沼液偷排等违法违规行为的发生，另一方面对规模养殖企业的偷排行为严格惩处；此外，还应逐步将规模养殖企业偷排处理沼液的单位成本提升至高于种养结合处理沼液的单位成本，从而促使资源禀赋差、难以通过种养结合消纳沼液的养殖企业加入沼液有机肥合作开发模式中。

有选择的吸纳养殖企业和有机肥厂加入沼液有机肥合作开发模式中，应优先考虑沼液有机肥合作开发意愿较高的养殖企业和有机肥厂，形成示范效应，进而逐步引导其他养殖企业和有机肥厂加入，例如生物有机肥厂以及已经具备沼液有机肥生产能力的有机肥厂，这类企业生产沼液有机肥机会成本较低，参与意愿高，以及养殖规模较大养殖企业。

有机肥的产业化发展有利于更好的管理有机肥市场，有利于提高产品的科技水平，减少资源的浪费和环境污染。有机肥市场政策的不成熟是阻碍有机肥产业化发展的重要因素。虽然国家已经出台了一些免税和补贴政策，但是企业对有机肥行业的具体产业政策寄予了更多的期待。政府可加大有机肥在运输、能源、税收等方面的支持，对有机肥和化肥实施同等运价，扩大商品有机肥的运输半径，并将以畜禽粪污为主要原料生产的有机肥纳入测土配方施肥和安全农产品生产中去推广等。有机肥产业化的发展必将提高沼液沼渣的利用率，减少环境污染。

大力推进生物质能源发电上网政策的具体落实，消除沼气外排污染。生物质能源发电上网政策能够激励养殖企业将剩余沼气用于发电上网，对于未配有气体发电机组的养殖场，可观的经济补贴也可以促使其增配设备进行发电上网，从而消除沼气直接排放带来的污染。因此，应大力推进生物质能源发电上网政策的具体落实。

坚持推行“种养”结合的绿色养殖模式，消除沼液污染，发展循环农业经济。由于各规模养殖场资源禀赋不同，应针对不同的地理条件选择不同的“种养”结合模式。对于土地资源较为充分的规模养殖场，实行“种养”结合的绿色养殖模式较为简便易行。通过种植吸纳沼液量大的农作物，可完全消除沼液污染。对于土地资源较为紧张的规模养殖场，政府促成养殖企业和种植业主合作，将养殖企业不能利用的沼液运输到种植基地，政府、养殖企业和种植业主一起承担相关费用。

现代化规模化养殖场内部必须建设沼气发酵设备，以提高对粪便污染的处理效率。养殖场每天产生的粪便和污水进行有效的分离，粪便直接进入沼气池中进行厌氧发酵。生产的沼气是一种再生能源，替代电能用于生活照明，减少对能源的消耗。生产的沼液、沼渣是优质的有机肥，可将其深入农田促进农作物生长，改善土壤理化性质，增加土壤有机质含量。对于养殖场产生的污水，可在养殖场内部修建两级或三级的沉淀池，通过对养殖场的污水进行连续两级或三级的沉淀处理后，将污水中的漂浮物和固体物全部沉淀下来，实现固液分离，最后向沉淀池中添加相应的降解有机物，杀灭水体中的部分致病原微生物，最终得到的污水能循环利用，提高淡水资源的利用效率。

七、提高生猪养殖管理水平

首先，在对生猪养殖场进行选址的时候要从当地情况出发，而且在选址的过程中还要和相关法律相一致。要对周围环境给予高度重视，做好保护工作。养殖场周边有耕田以及果园最佳，可以形成农牧林相结合的环境。养猪场内部设施要十分齐全，生活管理、隔离区还有生产区要保持一定的距离。还要对养殖人员开展培训，生猪养殖场里面的工作人员要不断提升自己的养殖水平，参加培训，学习生猪养殖的相关知识和技能，对科学技术的应用给予高度的重视，并树立起正确养殖的理念，进一步提升养殖人员的养猪实力和疾病防治手段，达到科学养猪技术管理的目标。养殖人员还要科学使用政府发布的扶持政策和一些法律法规，推动产业化发展。这些年来，我国政府发布了诸多法律和相关方法，加大了畜牧业宏观调控的力度，为生猪养殖规模化带来了全面的服务。所以，在生猪规模化养殖的时候，对于各种缺陷以及相关问题要在第一时间发现并关注，科学对待，合理有效解决，尽可能实现生猪高质量生产的发展目标，从而保证畜牧养殖业能够健康平稳发展。

八、加大环保宣传力度，发挥群众的监督作用

养殖企业均在偏远地区，且分布分散，故检查的经济和时间机会成本都很高，政府部门无法及时地对养殖企业进行监督检查，因此群众在环境保护中扮演着极为重要的角色，影响着企业的环境行为，是一支不可忽视的力量。实践中，政府环保部门要加大环保宣传力度，提高人民群众的环保意识和维权意识，鼓励农村居民对畜禽养殖进行监督，针对生产养殖过程中的污染问题及时上报。为了让农村居民能够更好地进行维权活动，国家还应丰富农村环境保护的救济渠道，让农村居民也可以通过公益诉讼进行维权。

第三节　研究展望

在全书的研究工作中，受制于数据可获得性等方面的原因，本书也存在不足之处有待进一步的研究。

一是在第四章和第五章的数值仿真中，由于缺乏生猪规模养殖企业的相应数据，并未以生猪规模养殖企业为例进行案例分析，仅进行了数值仿真分析，这是本书的不足之处。

二是第六章第二节——“基于养殖沼液治理效率提升的企业环境行为优化”的研究内容，是以“宁波龙兴生态农业科技开发有限公司与周边35家养殖场合作，利用沼液成功研发沼液生态肥”为现实背景进行的理论探讨，但是由于缺乏部分模型参数的数据，并未进行案例分析，从而使得结论无法通过数据直观的展示出来，在今后的研究中，需进一步加强调研工作。

三是在第六章的研究内容中，仅对生猪规模养殖粪尿污染治理系统进行了流率入树建模，未将沼液污染治理系统加入模型中，从而未构成生猪规模养殖污染治理系统流率入树模型。在今后的研究工作中，需进一步厘清粪尿污染治理系统和沼液污染治理系统之间的关联，完善生猪规模养殖污染治理系统流率入树模型。

R 参考文献

eferences

白俊红，聂亮，2017. 技术进步与环境污染的关系——一个倒“U”形假说[J]. 研究与发展管理，29（3）：131–140.

白晓凤，李子富，程世昆，等，2014. 我国大中型沼气工程沼液资源化利用SWOT-PEST分析[J]. 环境工程（6）：153–156.

宾幕容，覃一枝，周发明，2016. 湘江流域农户生猪养殖污染治理意愿分析[J]. 经济地理，36（11）：154–160.

蔡梅，孙钊，郭倩倩，等，2011. 规模化养殖场沼气工程温室气体减排选址优化模型研究[J]. 可再生能源，29（6）：134–137.

曹光辉，朱勇，张宗益，等，2005. 不对称信息下的排放监督与管理[J]. 环境保护（9）：47–50.

曹汝坤，陈灏，赵玉柱，2015. 沼液资源化利用现状与新技术展望[J]. 中国沼气，33（2）：42–50.

陈超，阮志勇，吴进，等，2013. 规模化沼气工程沼液综合处理与利用的研究进展[J]. 中国沼气，31（1）：25–28，43.

陈工，邓逸群，2015. 我国环境税的政策效应研究——基于个体异质性OLG模型[J]. 当代财经（8）：26–36.

陈诗一，2011. 边际减排成本与中国环境税改革[J]. 中国社会科学（3）：85–100，222.

陈兴荣，王来峰，余瑞祥，2012. 基于政府环境政策的企业主动环境行为研究[J]. 软科学，26（11）：80-84.

陈怡秀，胡元林，2016. 重污染企业环境行为影响因素实证研究[J]. 科技管理研究（13）：260-266.

崔凤，秦佳荔，2012. 论隐形环境问题——对LY纸业公司的个案调查[J]. 河海大学学报（哲学社会科学版），14（4）：43-49，94-95.

崔立志，许玲，2016. 环境规制对技术进步的影响效应研究[J]. 华东经济管理，30（12）：99-103.

崔鑫生，2008. 专利表征的技术进步与经济增长的关系文献综述[J]. 北京工商大学学报（社会科学版）（1）：124-128.

戴婧，陈彬，齐静，2012. 低碳沼气工程建设的生态经济效益核算研究——以广西恭城瑶族自治县为例[J]. 中国人口·资源与环境，22（3）：157-163.

邓明丽，常立农，2008. 技术与环境的改善刍议[J]. 科技情报开发与经济（33）：126-128.

翟慧娟，刘金朋，王官庆，2012. 大型沼气发电综合利用工程效益评价研究[J]. 华东电力，40（7）：1241-1244.

丁峰，2016-01-27. 2016年中央一号文件公布提出以发展新理念破解“三农”新难题[EB/OL]. http://news. xinhuanet. com/fortune/2016-01/27/c_1117915659. htm. /2018-07-28.

杜红梅，李孟蕊，王明春，等，2017. 基于SE-DEA模型的中国生猪规模养殖环境效率时空差异研究[J]. 中国畜牧杂志，53（1）：131-137.

杜红梅，王明春，胡梅梅，2017. 湖南省生猪规模养殖环境效率及其比较分析——基于SE-SBM模型及2004—2014年的数据[J]. 湖南农业大学学报（社会科学版），18（1）：36-41.

杜建国，陈莉，赵龙，2015. 政府规制视角下的企业环境行为仿真研究[J]. 软科学，29（10）：59-64.

杜建国，王敏，陈晓燕，等，2013. 公众参与下的企业环境行为演化研究[J]. 运筹与管理，22（1）：244-251.

范丹，王维国，2013. 中国区域全要素能源效率及节能减排潜力分析——基于非期望产出的SBM 模型[J]. 数学的实践与认识，43（7）：12-21.

葛继红，周曙东，2011. 农业面源污染的经济影响因素分析——基于1978—2009年的江苏省数据[J]. 中国农业经济（5）：72-81.

葛昕，李布青，杨华昌，等，2012. 适合我国中小型养殖场的沼气发电模式[J]. 农业工程技术（新能源产业）（7）：20-23.

耿言虎，2017. 农村规模化养殖业污染及其治理困境——基于巢湖流域贝镇生猪养殖的田野调查[J]. 中国矿业大学学报（社会科学版）（1）：50-59.

顾鹏，杜建国，金帅，2013. 基于演化博弈的环境监管与排污企业治理行为研究[J]. 环境科学与技术，36（11）：186-192.

郭晓，2012. 规模化畜禽养殖业控制外部环境成本的补贴政策研究[D]. 重庆：西南大学.

国务院办公厅，2013-11-26. 中华人民共和国国务院令第643号[EB/OL]. http://www. gov. cn/zwgk/2013-11/26/content_2534836. htm./2018-07-31.

韩敏，2013. 沼液无害化处理和资源化利用文献综述[C]//2013中国环境科学学会学术年会论文集（第五卷）. 北京：中国环境科学学会.

何为，刘昌义，刘杰，等，2015. 环境规制、技术进步与大气环境质量——基于天津市面板数据实证分析[J]. 科学学与科学技术管理，36（5）：51-61.

何宜庆，翁异静，2012. 鄱阳湖地区城市资源环境与经济协调发展评价[J]. 资源科学，34（3）：502-509.

洪燕真，林斌，戴永务，等，2010. 基于敏感性分析的规模化养猪场沼气工程经济效益评价——以建瓯市健华猪业有限公司青州养殖场为例[J]. 中国农学通报，26（14）：388-391.

胡紫月，蒋妮姗，李新，2009. 浅析工业园区生态系统承载力评价指标的建立及其应用[J]. 环境保护科学，35（1）：121-123，29.

华政，2015-10-20. 生物质能源大有可为[EB/OL]. http://news. xinhuanet. com/local/2015-10/20/c_128335672. htm./2018-09-11.

环境保护部，2010-12-30. 关于发布《畜禽养殖业污染防治技术政策》的通知[EB/OL]. http://www. zhb. gov. cn/gkml/hbb/bwj/201101/t20110107_199664. htm./2018-07-31.

环境保护部办公厅，2016-05-19. 关于征求《畜禽养殖禁养区划定技术指南

（征求意见稿）》意见的函[EB/OL]. http://www. mep. gov. cn/gkml/hbb/bgth/201605/t20160523_343495. htm./2018-08-01.

贾仁安，2014. 组织管理系统动力学[M]. 北京：科学出版社.

姜博，童心田，郭家秀，2013. 我国环境污染中政府、企业与公众的博弈分析[J]. 统计与决策（12）：71-74.

姜海，雷昊，白璐，等，2015. 不同类型地区畜禽养殖废弃物资源化利用管理模式选择——以江苏省太湖地区为例[J]. 资源科学，37（12）：2430-2440.

姜庆国，穆东，2013. 基于SD的煤炭企业煤层气发电项目的经济平衡性[J]. 系统工程理论与实践，33（5）：1207-1216.

孔凡斌，张维平，潘丹，2016. 养殖户畜禽粪便无害化处理意愿及影响因素研究——基于5省754 户生猪养殖户的调查数据[J]. 农林经济管理学报（4）：454-463.

雷勋平，邱广华，2016. 基于熵权TOPSIS模型的区域资源环境承载力评价实证研究[J]. 环境科学学报，36（1）：314-323.

冷碧滨，涂国平，贾仁安，等，2017. 系统动力学演化博弈流率基本人树模型的构建及应用——基于生猪规模养殖生态能源系统稳定性的反馈仿真[J]. 系统工程理论与实践，37（5）：1360-1372.

冷碧滨，2013. 生猪规模养殖与户用生物质资源合作开发系统反馈仿真研究[D]. 南昌：南昌大学.

李飞，董锁成，武红，等，2016. 中国东部地区农业环境经济系统耦合度研究[J]. 长江流域资源与环境，25（2）：219-225.

李刚，迟国泰，程砚秋，2011. 基于熵权TOPSIS的人的全面发展评价模型及实证[J]. 系统工程学报，26（3）：400-407.

李国平，张文彬，2014. 地方政府环境规制及其波动机理研究——基于最优契约设计视角[J]. 中国人口·资源与环境，24（10）：24-31.

李健芸，2016. 畜禽养殖污染防治的法律监管体系现状及思考[J]. 黑龙江畜牧兽医（24）：64-66.

李静，程丹润，2008. 中国区域环境效率差异及演进规律研究——基于非期望产出的SBM模型的分析[J]. 工业技术经济，27（11）：100-104.

李君，庄国泰，2011. 中国农业源主要污染物产生量与经济发展水平的环境库兹涅茨曲线特征分析[J]. 生态与农村环境学报，27（6）：19-25.

李香菊，杜伟，王雄飞，2017. 环境税制与绿色发展：基于技术进步视角的考察[J]. 当代经济科学，39（4）：117-123，28.

李香菊，赵娜，2015. 税收收入中性约束下最优环境税率研究[J]. 财经理论与实践，36（5）：103-107.

李玉娥，董红敏，万运帆，等，2009. 规模化猪场沼气工程CDM项目的减排及经济效益分析[J]. 农业环境科学学报，28（12）：2580-2583.

李长安，王德刚，李小龙，2013. 规模化养猪场沼气工程成本效益典型案例研究[J]. 浙江农业科学（12）：1679-1682.

梁康强，阎中，魏泉源，等，2012. 沼气工程沼液高值的利用研究[J]. 中国农学通报，28（32）：198-203.

梁敏，2013-02-01. 一号文件着力构建农业经营体系，盘点六大看点[EB/OL]. http://finance. sina. com. cn/nongye/nyqyjj/20130201/022314469437. shtml./2018-07-24.

梁平汉，高楠，2014. 人事变更、法制环境和地方环境污染[J]. 管理世界（6）：65-78.

梁小珍，刘秀丽，杨丰梅，2013. 考虑资源环境约束的我国区域生猪养殖业综合生产能力评价[J]. 系统工程理论与实践，33（9）：2263-2270.

林秀治，黄秀娟，陈秋华，2016. 休闲农业经营组织环境行为影响因素分析——以福建省为例[J]. 中国农村观察（2）：14-22，33，94.

林毅夫，1992. 制度、技术与中国农业发展[M]. 上海：上海人民出版社.

刘畅，2017. 农村沼气能源开发路径研究[D]. 南昌：南昌大学.

刘广亮，董会忠，吴宗杰，2017. 异质性技术进步对中国碳排放的门槛效应研究[J]. 科技管理研究，37（15）：236-242.

刘慧，2017-02-06. 2017年中央一号文件明确新阶段“三农”工作新主线[EB/OL]. http://www. ce. cn/xwzx/gnsz/gdxw/201702/06/t20170206_19975921. shtml./2018-07-29.

刘瑞红，2017-03-08. 中华环保联合会诉江苏江阴长泾梁平生猪专业合作社等养殖污染民事公益诉讼案[EB/OL]. http://www. chinacourt. org/article/detail/2017/03/id/2574339. shtml./2018-08-10.

刘文昊，张宝贵，陈理，等，2012. 基于外部性收益的畜禽养殖场沼气工程补贴模式分析[J]. 可再生能源，30（8）：118-122.

刘雪芬，杨志海，王雅鹏，2013. 畜禽养殖户生态认知及行为决策研究——基于山东、安徽等6省养殖户的实地调研[J]. 中国人口·资源与环境，23（10）：169-176.

楼豫红，2014. 区域节水灌溉发展水平综合评价研究[D]. 北京：中国农业大学.

鲁静芳，左停，苟天来，2008. 中国农业发展的现状、挑战与展望[J]. 世界农业（6）：17-19.

罗小锋，袁青，2017. 新型城镇化与农业技术进步的时空耦合关系[J]. 华南农业大学学报（社会科学版），16（2）：19-27.

罗艳，2012. 基于DEA方法的指标选取和环境效率评价研究[D]. 合肥：中国科学技术大学.

吕品，2014. 中小商业银行信用风险评价研究[D]. 大连：大连理工大学.

吕文魁，王夏晖，孔源，等，2015. 欧盟畜禽养殖环境监管政策模式对我国的启示[J]. 环境与可持续发展（1）：84-86.

马京军，黄岩，高莉，2015. 北方地区大中型沼气工程运行效益评价——以宁夏青铜峡市600沼气工程为例[J]. 中国沼气，33（6）：79-83.

马荣华，丁一凡，南国良，等，2008. 基于CDM的规模猪场大型沼气工程经济评价[J]. 中国畜牧杂志（17）：50-52.

孟庆峰，李真，盛昭瀚，等，2010. 企业环境行为影响因素研究现状及发展趋势[J]. 中国人口·资源与环境，20（9）：100-106.

穆昕，王浣尘，李雷鸣，2005. 基于差异化策略的环境管理与企业竞争力研究[J]. 系统工程理论与实践，25（3）：26-31.

潘峰，西宝，王琳，2015. 基于演化博弈的地方政府环境规制策略分析[J]. 系统工程理论与实践，35（6）：1394-1404.

彭远春，2011. 我国环境行为研究述评[J]. 社会科学研究（1）：104-109.

蒲小东，邓良伟，尹勇，等，2010. 大中型沼气工程不同加热方式的经济效益分析[J]. 农业工程学报，26（7）：281-284.
秦昌波，王金南，葛察忠，等，2015. 征收环境税对经济和污染排放的影响[J]. 中国人口·资源与环境，25（1）：17-23.
秦传滨，2012. 市工业产业规划与调整对策研究[D]. 天津：天津大学.
任志远，徐茜，杨忍，2011. 基于耦合模型的陕西省农业生态环境与经济协调发展研究[J]. 干旱区资源与环境，25（12）：14-19.
申亮，王玉燕，2017. 公共服务外包中的协作机制研究：一个演化博弈分析[J]. 管理评论，29（3）：219-230.
申萌，李凯杰，曲如晓，2012. 技术进步、经济增长与二氧化碳排放：理论和经验研究[J]. 世界经济，35（7）：83-100.
司言武，李珺，2007. 我国排污费改税的现实思考与理论构想[J]. 统计与决策（24）：53-57.
宋静，邱坤，2016. 基于NPV法的秸秆沼气集中供气工程经济效益分析[J]. 中国沼气，34（6）：77-79.
宋燕平，滕瀚，2016. 农业组织中农民亲环境行为的影响因素及路径分析[J]. 华中农业大学学报（社会科学版）（3）：53-60.
宋照亮，2010. 区域开发环境影响评价中环境承载力指标的选取[J]. 环境科学与管理，35（2）：167-170.
孙赫，林聪，田海林，等，2015. 北京市夏村沼气集中供气工程案例分析[J]. 中国沼气，33（1）：91-94.
孙军，高彦彦，2014. 技术进步、环境污染及其困境摆脱研究[J]. 经济学家（8）：52-58.
孙淼，王效华，2011. 实例分析大中型沼气工程能源效益[J]. 能源研究与利用（4）：45-47.
孙绍荣，2010. 行为管理制度设计的符号结构图及计算方法——以治理企业污染环境行为的制度设计为例[J]. 管理工程学报（1）：77-81，76.
孙岩，武春友，2007. 环境行为理论研究评述[J]. 科研管理，28（3）：108-113，77.
谭海艳，2013-10-14. 国务院通过《草案》明确有机肥补贴优惠政策[EB/OL].

http://www. tuliu. com /read-31992. html./2018-09-11.

涂国平，贾仁安，2004. 以沼气工程为纽带的农业科技园系统反馈结构分析[J]. 中国沼气，1（22）：25-27.

涂国平，张浩，2018. 农户监督下的畜牧企业环境行为演化分析及动态优化[J]. 运筹与管理，27（1）：37-42.

汪国刚，赵明梅，宋刚，等，2011. 万头猪场沼气发电工程热平衡影响因素研究[J]. 环境工程学报，5（11）：2635-2640.

王凤，王爱琴，2012. 企业环境行为研究新进展[J]. 经济学动态（1）：124-129.

王京芳，周浩，曾又其，2008. 企业环境管理整合性架构研究[J]. 科技进步与对策，25（12）：147-150.

王丽娟，2010. 基于演化博弈理论的运营商与渠道商合作关系研究[D]. 北京：北京邮电大学.

王其藩，1994. 系统动力学（修订版）[M]. 北京：清华大学出版社.

王其藩，2009. 高级系统动力学[M]. 上海：上海财经大学出版社.

王清源，潘旭海，2011. 熵权法在重大危险源应急救援评估中的应用[J]. 南京工业大学学报（自然科学版），33（3）：87-92.

王新宇，2012. 排污费改税的思考[J]. 法制博览（中旬刊）（12）：283，279.

王有兴，杨晓妹，周全林，2016. 环境保护税税率与地区浮动标准设计研究[J]. 当代财经（11）：23-31.

王哲林，2007. 可持续发展条件下我国环境税有关问题研究[D]. 厦门：厦门大学.

魏光明，2010. 我国环境税收问题研究[D]. 青岛：中国海洋大学.

魏金义，祁春节，2015. 农业技术进步与要素禀赋的耦合协调度测算[J]. 中国人口·资源与环境，25（1）：90-96.

魏素艳，陈羽，2004. 刍议环境税的若干问题[J]. 北京理工大学学报（社会科学版）（2）：6-8.

邬嘉宏，2015-12-09. 珠三角生猪养殖过量污染大，已超过土地负荷[EB/OL]. http://news. sina. com. cn/c/2015-12-09/doc-ifxmnurf8453225.

shtml./2018-07-25.
邬兰娅，齐振宏，黄炜虹，2017. 环境感知、制度情境对生猪养殖户环境成本内部化行为的影响——以粪污无害化处理为例[J]. 华中农业大学学报（社会科学版）（5）：28–35.
邬兰娅，齐振宏，李欣蕊，等，2015. 养猪企业环境行为影响因素实证研究[J]. 中国农业大学学报，20（6）：290–296.
邬兰娅，齐振宏，张董敏，等，2013. 养猪业环境外部性内部化的治理对策研究——以死猪漂浮事件为例[J]. 农业现代化研究，34（6）：694–697.
吴飞龙，叶美锋，林代炎，2009. 沼液综合利用研究进展[J]. 能源与环境（1）：94–95，105.
吴根义，廖新俤，贺德春，等，2014. 我国畜禽养殖污染防治现状及对策[J]. 农业环境科学学报，33（7）：1261–1264.
吴瑞明，胡代平，沈惠璋，2013. 流域污染治理中的演化博弈稳定性分析[J]. 系统管理学报，22（6）：797–801.
吴学兵，乔娟，李谷成，2013. 环境约束下的中国规模猪场生产率增长与分解研究[J]. 统计与决策，392（20）：118–120.
小微，2015-03-12. 畜牧业如今已成国内第三大污染行业[EB/OL]. http://www. chinadaily. com. cn/hqcj/xfly/2015-03-12/content_13358979. html./2018-07-26.
新华社，2018-02-05. 四、推进乡村绿色发展，打造人与自然和谐共生发展新格局[EB/OL]. http://www. moa. gov. cn/ztzl/yhwj2018/zyyhwj/201802/t20180205_6136441. htm./2018-07-30.
熊鹰，2007. 政府环境管制、公众参与对企业污染行为的影响分析[D]. 南京：南京农业大学.
徐大伟，杨娜，张雯，2013. 矿山环境恢复治理保证金制度中公众参与的博弈分析：基于合谋与防范的视角[J]. 运筹与管理，22（4）：20–25.
徐琳瑜，康鹏，刘仁志，2013. 基于突变理论的工业园区环境承载力动态评价方法[J]. 中国环境科学，33（6）：1127–1136.
徐琳瑜，康鹏，2013. 工业园区规划环境影响评价中的环境承载力方法研究[J]. 环境科学学报，33（3）：918-930.

徐圆，2013. 开放经济下的环境库兹涅茨曲线与最优污染税率[J]. 国际经贸探索，29（9）：24-35.

徐志刚，张炯，仇焕广，2016. 声誉诉求对农户亲环境行为的影响研究——以家禽养殖户污染物处理方式选择为例[J]. 中国人口·资源与环境，26（10）：44-52.

许士春，何正霞，龙如银，2012. 环境规制对企业绿色技术创新的影响[J]. 科研管理，33（6）：67-74.

许文，2015. 环境保护税与排污费制度比较研究[J]. 国际税收（11）：49-54.

闫园园，李子富，程世昆，等，2013. 养殖场厌氧发酵沼液处理研究进展[J]. 中国沼气，31（5）：48-52.

杨甲锁，韩小平，2011. 庄浪县某生猪养殖有限公司大型沼气工程效益分析及思考[J]. 中国沼气，29（3）：41-42，44.

杨丽花，佟连军，2013. 基于BP神经网络模型的松花江流域（吉林省段）水环境承载力研究[J]. 干旱区资源与环境，27（9）：135-140.

姚西龙，于渤，2012. 技术进步、结构变动与工业二氧化碳排放研究[J]. 科研管理，33（8）：35-40.

余瑞祥，朱清，2009. 企业环境行为研究的现在与未来[J]. 工业技术经济，28（8）：2-6.

余勇君，2015-05-27. 一养殖场污染整改不力被再次被举报[EB/OL]. http://data. web. snxw. com/Article/sh/201505/55971. html./2018-08-09.

张兵兵，徐康宁，陈庭强，2014. 技术进步对二氧化碳排放强度的影响研究[J]. 资源科学，36（3）：567-576.

张华，魏晓平，2014. 绿色悖论抑或倒逼减排——环境规制对碳排放影响的双重效应[J]. 中国人口·资源与环境，24（9）：21-29.

张平，张鹏鹏，蔡国庆，2016. 不同类型环境规制对企业技术创新影响比较研究[J]. 中国人口·资源与环境，26（4）：8-13.

张倩，曲世友，2013. 环境规制下政府与企业环境行为的动态博弈与最优策略研究[J]. 预测，32（4）：35-40.

张世才，2013. 沼渣的综合利用研究[J]. 农业工程技术（新能源产业）（10）：22-24.
张维迎，2004. 博弈论与信息经济学[M]. 上海：上海人民出版社.
张伟，周根贵，曹柬，2014. 政府监管模式与企业污染排放演化博弈分析[J]. 中国人口·资源与环境，24（11）：108-113.
张晓岚，吕文魁，杨倩，等，2014. 荷兰畜禽养殖污染防治监管经验及启发[J]. 环境保护（15）：71-73.
张学刚，钟茂初，2011. 政府环境监管与企业污染的博弈分析及对策研究[J]. 中国人口·资源与环境，21（2）：31-35.
张艳丽，任昌山，王爱华，等，2011. 基于LCA原理的国内典型沼气工程能效和经济评价[J]. 可再生能源，29（2）：119-124.
张郁，江易华，2016. 环境规制政策情境下环境风险感知对养猪户环境行为影响——基于湖北省280户规模养殖户的调查[J]. 农业技术经济（11）：76-86.
张郁，齐振宏，孟祥海，等，2015. 生态补偿政策情境下家庭资源禀赋对养猪户环境行为影响——基于湖北省248个专业养殖户（场）的调查研究[J]. 农业经济问题（6）：82-91，112.
赵红，2008. 环境规制对企业技术创新影响的实证研究——以中国30个省份大中型工业企业为例[J]. 软科学（6）：121-125.
曾凡伟，2014. 于层次—熵权法的地质公园综合评价[D]. 成都：成都理工大学.
甄美荣，李璐，2017. 基于公众参与的企业排污治理演化博弈分析[J]. 工业工程与管理，22（3）：144-151.
中国广播网，2015. 中央发布2015年一号文件：粮食安全首当其冲[J]. 饲料与畜牧（2）：26.
中国畜牧兽医年鉴编辑委员会，2014. 中国畜牧兽医年鉴（2014）[M]. 北京：中国农业出版社.
中国畜牧兽医年鉴编辑委员会，2016. 中国畜牧兽医年鉴（2016）[M]. 北京：中国农业出版社.
周曙东，2011. 企业环境行为影响因素研究[J]. 统计与决策（22）：181-183.

朱清，余瑞祥，刘江宜，等，2010. 企业积极环境行为的层次及其政策设计[J]. 中国人口·资源与环境，20（2）：157-161.

朱庆华，杨启航，2013. 中国生态工业园建设中企业环境行为及影响因素实证研究[J]. 管理评论，25（3）：119-125，158.

朱哲毅，应瑞瑶，周力，2016. 畜禽养殖末端污染治理政策对养殖户清洁生产行为的影响研究——基于环境库兹涅茨曲线视角的选择性试验[J]. 华中农业大学学报（社会科学版）（5）：55-62，145.

祝其丽，2011. 场清粪方式调查与沼气工程适用性分析[J]. 中国沼气（1）：27-28.

邹欣媛，2014-06-18. 宁夏部分农村沼气工程运行难[EB/OL]. http://news.163.com/14/0618/15/9V1JN2E400014JB5. html./2018-09-12.

左志平，齐振宏，邬兰娅，2016. 环境管制下规模养猪户绿色养殖模式演化机理——基于湖北省规模养猪户的实证分析[J]. 农业现代化研究，37（1）：71-78.

左志平，齐振宏，2016. 供应链框架下规模养猪户绿色养殖模式演化机理分析[J]. 中国农业大学学报，21（3）：131-140.

AJZEN I，FISHBEIN M，1980. Understanding Attitudes and Predicting Social Behavior[M]. Engle Wood-Cliffs，NJ：Prentice Hall.

ALESSIO D，MASSIMILIANO M，FRANCESCO N，2017. Illegal waste disposal：Enforcement actions and ecentralized environmental policy[J]. Socio-Economic Planning Sciences，In Press：https://doi. org/10. 1016/j. seps.

ALLINGTON G R H，LI W，BROWN D G，2017. Urbanization and environmental policy effects on the future availability of grazing resources on the Mongolian Plateau：Modeling social-environmental system dynamics[J]. Environmental Science & Policy，68：35-46.

ANDREWS C J，1998. Public Policy and the Geography of U. S. Environmentalism[J]. Social Science Quarterly，79（1）：55-73.

ARORA S，GANGOPADHYAY S，1995. Toward a theoretical model of

voluntary over compliance[J]. Journal of Economic Behavior & Organization, 28（3）: 289–309.

BAUMOL W J, 1972. On Taxation and the Control of Externalities[J]. American Economic Review, 62（3）: 307–322.

BIGLAN A, 2009. The Role of Advocacy Organizations in Reducing Negative Externalities[J]. Journal of Organizational Behavior Management, 29（3–4）: 215–230.

CHINTRAKARN P, 2008. Environmental regulation and U. S. states' technical inefficiency [J]. Economics Letters, 100（3）: 363–365.

CHRISTIAN A. V, JORDAN F. S, GREGORY L. P, 2013. Experimental evidence on dynamic pollution tax policies[J]. Journal of Economic Behavior & Organization, 93: 101–115.

COASE R H, 1960. The Problem of Welfare[J]. The Journal of Law and Economics, 3: 1–44.

CORBETT C J, PAN J N, 2002. Evaluating environmental performance using statistical process controltechniques[J]. European Journal of Operational Research, 139（1）: 68–83.

DAM L, SCHOLTENS B, 2012. The curse of the haven: The impact of multinational enterprise on environmental regulation[J]. Ecological Economics, 78（12）: 148–156.

DAVID B, TOBIAS H, RUSSELL M, 2014. An Evaluation of Optimal Biogas Plant Configurations in Germany[J]. Waste Biomass Valor, 5（5）: 743–758.

FLAVIO D M R, ISAK K, 2015. Principles of environmental regulatory quality: a synthesis from literature review[J]. Journal of Cleaner Production, 96: 58–76.

FRIEDMAN D, 1991. Evolutionary games in economics[J]. Econometrica, 59（3）: 637–666.

FRIEDMAN D, 1998. On economic applications of evolutionary game theory[J]. Journal of Volutionary Economics, 8（1）: 15–43.

GUAN J Q, HUANG X J, LIU X L, et al., 2005. Environmental Behavior and

Analysis of Driving Model for Printing and Dyeing Enterprises in Tailm Basin[J]. Journal of Lake Science，17（4）：351–355.

GUERRERO C，MORAL R，GÓMEZ I，et al.，2007. Microbial biomass and activity of an agricultural soil amended with the solid phase of pig slurries[J]. Bioresource Technology，98（17）：3259–3264.

HADRICH JC，WOLF CA，2011. Citizen complaints and environmental regulation of Michigan livestock operations[J]. Journal of Animal Science，89（1）：277–286.

HE Z X，SHEN W X，XU S C，2016. Corporate Environmental Behavior：From Literature Review to Theoretical Framework[J]. Fresenius Environmental Bulletin，25（3）：910–932.

HE Z X，XU S C，SHEN W X，et al.，2016. Factors that influence corporate environmental behavior：empirical analysis based on panel data in China[J]. Journal of Cleaner Production，133：531–543.

JAMES B，2009. CO_2 emission：research and technology transfer in China[J]. Ecological Economics，68（10）：2658–2665.

JODY M. HINES，HAROLD R. HUNGERFORD，AUDREY N. TOMERA，1986. Analysis and Synthesis of Research on Responsible Environmental Behavior：A Meta-Analysis[J]. The Journal of Environmental Education，18（2）：1–8.

KAISER F G，DOKA G，HOFSTETTER P，et al.，2003. Ecological behavior and its environmental consequences：a life cycle assessment of a self-report measure[J]. Journal of Environmental Psychology，23（1）：11–20.

KARP L，2005. Nonpoint Source Pollution Taxes and Excessive Tax Burden[J]. Environment & Resource Economics，31（2）：229–251.

LEVY D L，1995. The Environmental Practices and Performance of Transnational Corporations[J]. Transnational Corporations（2）：44–67.

LI H Q，WEI W C，2011. The Effects of Environmental Protection Behavior on Corporate Imageand Customer Purchase Intention：The Environmental Consciousness as the Moderator[J]. International Conference on Applied Social

Science（ICASS 2011）（V）：282–287.

LIN C Y，HO Y H，2010. The Influences of Environmental Uncertainty on Corporate Green Behavior：An Empirical Study with Small and Medium-Size Enterprises[J]. Social Behavior and Personality，38（5）：691–696.

LIU X B，LIU B B，TOMOHIRO S，2010. An empirical study on the driving mechanism of proactive corporate environmental management in China[J]. Journal of Environmental Management，91（8）：1707–1717.

LIU X M，ZENG M，2017. Renewable energy investment risk evaluation model based on system dynamics[J]. Renewable and Sustainable Energy Reviews，73：782–788.

LU Y J，INDRA A，2014. Stakeholders，power，corporate characteristics，and social and environmental disclosure：evidence from China[J]. Journal of Cleaner Production，64：426–436.

MIR D F，FEITELSON E，2007. Factors Affecting Environmental Behavior in Micro-Enterprises：Laundry and Motor Vehicle Repair Firms in Jerusalem[J]. International Small BusinessJournal，25（4）：383–415.

OHORI S，2012. Environmental Tax and Public Ownership in Vertically Related Markets[J]. Journal of Industry Competition & Trade，12（2）：169–176.

PAN D，ZHOU G，ZHANG N，et al.，2016. Farmers’ preferences for livestock pollution control policy in China：a choice experiment method[J]. Journal of Cleaner Production，131：572–582.

PEU P，BRUGÈRE H，POURCHER A M，et al.，2006. Dynamics of a pig slurry microbial community during anaerobic storage and management. [J]. Applied & Environmental Microbiology，72（5）：3578–3585.

PIGOU A C，1932. The Economics of Welfare[M]. London：Macmillan.

PRESLEY K.，WESSEH JR.，LIN B Q，2016. Optimal emission taxes for full internalization of environmental externality[J]. Journal of Cleaner Production，137：871–877.

ROBERT A，2003. Kagan，Neil Gunningham，Dorothy Thornton. Explaining

Corporate Environmental Performance：How Does Regulation Matter?[J]. Forthcoming in Law & Society Review，37（1）：51-90.

SARKAR R，2008. Public policy and corporate environmental behavior[J]. Business Strategy & Environmental，16（8）：554-570.

SCHWARTZ J，REPETTO R，2000. Nonseparable Utility and the The Double Dividend Debate：Reconsidering the Tax-Interaction Effect[J]. Environmental & Resource Economics，15（2）：149-157.

SCHWARTZ S H，1977. Normative Influences on Altruism[J]. Advances in Experimental Social Psychology，10：221-279.

SHAN M M，YOU J X，WANG Y L，et al.，2015. A Process Model of Building Sustainable Competitive Advantage for Multinational Enterprises：An Empirical Case Study[J]. Problemy Ekorozwoju，10（1）：67-78.

SHENG J，XU Q，ZHU P，et al.，2016. Composition analysis of particles filtered from biogas slurry by sieves with different mesh for sprinkling irrigation[J]. Transactions of the Chinese Society of Agricultural Engineering，32（8）：212-216.

STERN P C，DIETZ T，ABEL T，et al.，1999. A Value-Belief-Norm Theory of Support for Social Movements：The Case of Environmentalism[J]. Research in Human Ecology，6（2）：81-97.

SUKHBIR S，CLIVE S，LUCIE K. O，et al.，2012. Corporate environmental responsiveness in India：Lessons from a developing country[J]. Journal of Cleaner Production，35：203-213.

VAN D C E，ZOCK J P，BALIATSAS C，et al.，2016. Health conditions in rural areas with high livestock ensity：Analysis of seven consecutive years[J]. Environmental Pollution，222：374-382.

VOLLAARD B，2017. Temporal displacement of environmental crime：Evidence from marine oil Pollution[J]. Journal of Environmental Economics & Management，82：168-180.

WANG F，CHENG Z，KEUNG C，et al.，2015. Impact of Manager

Characteristics on Corporate Environmental Behavior at Heavy-Polluting Firms in Shanxi，China[J]. Journal of Cleaner Production，108：707–715.

WELCH E W，MORI Y，AOYAGI-USUI M，2002. Voluntary adoption of ISO 14001 in Japan：mechanisms，stages and effects[J]. Business Strategy and the Environment，11（1）：43–62.

YU F B，LUO X P，SONG C F，et al.，2010. Concentrated biogas slurry enhanced soil fertility and tomato quality. [J]. Acta Agriculturae Scandinavica，60（3）：262–268.

ZHANG Z X，ANDREA B，2004. What do we know about carbon taxes? An inquiry into their impacts on competitiveness and distribution of income[J]. Energy Policy，32（4）：507–518.

ZHAO B，TANG T，NING B，2017. System dynamics approach for modeling the variation of organizational factors for risk control in automatic metro[J]. Safety Science，94：128–142.

ZHENG C H，LIU Y，BLUEMLING B，et al.，2013. Modeling the environmental behavior and performance of livestock farmers in China：An ABM approach[J]. Agricultural Systems，122（12）：60–72.

ZHENG C H，LIU Y，BLUEMLING B，et al.，2015. Environmental potentials of policy instruments to mitigate nutrient emissions in Chinese livestock production[J]. Science of the Total Environment，502：149–156.